建筑安装工程施工工艺标准系列丛书

建筑通风与空调工程施工工艺

山西建设投资集团有限公司　组织编写

张太清　梁　波　主编

中国建筑工业出版社

图书在版编目（CIP）数据

建筑通风与空调工程施工工艺/山西建设投资集团有限公司组织编写. —北京：中国建筑工业出版社，2018.12
（建筑安装工程施工工艺标准系列丛书）
ISBN 978-7-112-22865-2

Ⅰ.①通… Ⅱ.①山… Ⅲ.①通风设备-建筑安装-工程施工②空气调节设备-建筑安装-工程施工 Ⅳ.①TU83

中国版本图书馆CIP数据核字(2018)第242784号

  本书是《建筑安装工程施工工艺标准系列丛书》之一，经广泛调查研究，认真总结工程实践经验，参考有关国家、行业及地方标准规范修订而成。

  该书编制过程中主要参考了《建筑工程施工质量验收统一标准》GB 50300—2013、《通风与空调工程施工质量验收规范》GB 50243—2016、《通风与空调工程施工规范》GB 50738—2011、《通风管道技术规程》JGJ/T 141—2017等标准规范。每项标准按引用文件、术语、施工准备、操作工艺、质量标准、成品保护、注意事项、质量记录八个方面进行编写。

  本书可作为工业与民用建筑通风空调工程施工生产操作的技术依据，也可作为编制施工方案和技术交底的蓝本。在实施工艺标准过程中，若国家标准或行业标准有更新版本时，应按国家或行业现行标准执行。

责任编辑：张 磊
责任校对：姜小莲

建筑安装工程施工工艺标准系列丛书
建筑通风与空调工程施工工艺
山西建设投资集团有限公司 **组织编写**
张太清 梁 波 **主编**
*
中国建筑工业出版社出版、发行（北京海淀三里河路9号）
各地新华书店、建筑书店经销
北京科地亚盟排版公司制版
北京圣夫亚美印刷有限公司印刷
*
开本：787×960毫米 1/16 印张：11¼ 字数：192千字
2019年3月第一版 2019年3月第一次印刷
定价：**38.00**元
ISBN 978-7-112-22865-2
（32867）

发 布 令

为进一步提高山西建设投资集团有限公司的施工技术水平，保证工程质量和安全，规范施工工艺，由集团公司统一策划组织，系统内所有骨干企业共同参与编制，形成了新版《建筑安装工程施工工艺标准》（简称"施工工艺标准"）。

本施工工艺标准是集团公司各企业施工过程中操作工艺的高度凝练，也是多年来施工技术经验的总结和升华，更是集团实现"强基固本，精益求精"管理理念的重要举措。

本施工工艺标准经集团科技专家委员会专家审查通过，现予以发布，自2019年1月1日起执行，集团公司所有工程施工工艺均应严格执行本"施工工艺标准"。

山西建设投资集团有限公司

党委书记：

董事长：

2018 年 8 月 1 日

丛书编委会

本书编委会

序

　　企业技术标准是企业发展的源泉，也是企业生产、经营、管理的技术依据。随着国家标准体系改革步伐日益加快，企业技术标准在市场竞争中会发挥越来越重要的作用，并将成为其进入市场参与竞争的通行证。

　　山西建设投资集团有限公司前身为山西建筑工程（集团）总公司，2017年经改制后更名为山西建设投资集团有限公司。集团公司自成立以来，十分重视企业标准化工作。20世纪70年代就曾编制了《建筑安装工程施工工艺标准》；2001年国家质量验收规范修订后，集团公司遵循"验评分离，强化验收，完善手段，过程控制"的十六字方针，于2004年编制出版了《建筑安装工程施工工艺标准》（土建、安装分册）；2007年组织修订出版了《地基与基础工程施工工艺标准》、《主体结构工程施工工艺标准》、《建筑装饰装修施工工艺标准》、《建筑屋面工程施工工艺标准》、《建筑电气工程施工工艺标准》、《通风与空调工程施工工艺标准》、《电梯与智能建筑工程施工工艺标准》、《建筑给水排水及采暖工程施工工艺标准》共8本标准。

　　为加强推动企业标准管理体系的实施和持续改进，充分发挥标准化工作在促进企业长远发展中的重要作用，集团公司在2004年版及2007年版的基础上，组织编制了新版的施工工艺标准，修订后的标准增加到18个分册，不仅增加了许多新的施工工艺，而且内容涵盖范围也更加广泛，不仅从多方面对企业施工活动做出了规范性指导，同时也是企业施工活动的重要依据和实施标准。

　　新版施工工艺标准是集团公司多年来实践经验的总结，凝结了若干代山西建投人的心血，是集团公司技术系统全体员工精心编制、认真总结的成果。在此，我代表集团公司对在本次编制过程中辛勤付出的编著者致以诚挚的谢意。本标准的出版，必将为集团工程标准化体系的建设起到重要推动作用。今后，我们要抓住契机，坚持不懈地开展技术标准体系研究。这既是企业提升管理水平和技术优势的重要载体，也是保证工程质量和安全的工具，更是提高企业经济效益和社会效益的手段。

在本标准编制过程中，得到了住建厅有关领导的大力支持，许多专家也对该标准进行了精心的审定，在此，对以上领导、专家以及编辑、出版人员所付出的辛勤劳动，表示衷心的感谢。

在实施本标准过程中，若有低于国家标准和行业标准之处，应按国家和行业现行标准规范执行。由于编者水平有限，本标准如有不妥之处，恳请大家提出宝贵意见，以便今后修订。

山西建设投资集团有限公司

总经理：

2018 年 8 月 1 日

前　言

本书是山西建设投资集团有限公司《建筑安装工程施工工艺标准系列丛书》之一。该标准经广泛调查研究，认真总结工程实践经验，参考有关国家、行业及地方标准规范，在2007版基础上经广泛征求意见的修订而成。

该书编制过程中主要参考了《建筑工程施工质量验收统一标准》GB 50300—2013、《通风与空调工程施工质量验收规范》GB 50243—2016、《通风与空调工程施工规范》GB 50738—2011、《通风管道技术规程》JGJ/T 141—2017等标准规范。每项标准按引用文件、术语、施工准备、操作工艺、质量标准、成品保护、注意事项、质量记录八个方面进行编写。

本标准修订的主要内容是：

1　风管制作安装按照金属风管、非金属复合风管划分，非金属复合风管按酚醛（聚氨酯）铝箔复合风管安装、酚醛彩钢板复合风管安装、玻镁复合风管制作安装分列，补充了装配式综合吊架的安装。

2　通风空调设备安装按常用的通风机、空调处理机组、冷水机组、水泵、冷却塔、风机盘管分列；还列入了地源热泵集采系统、VRV空调系统安装（不包括供电及控制部分）的内容。

3　系统管道与设备绝热按风、水系统分列，检测与试验、试运行与调试按风系统、水系统合并。

本书可作为工业与民用建筑通风空调工程施工生产操作的技术依据，也可作为编制施工方案和技术交底的蓝本。在实施工艺标准过程中，若国家标准或行业标准有更新版本时，应按国家或行业现行标准执行。

本书在编制过程中，限于技术水平，有不妥之处，恳请提出宝贵意见，以便今后修订完善。随时可将意见反馈至山西建设投资集团总公司技术中心（太原市新建路9号，邮政编码030002）。

目　录

第1章　金属风管与配件制作

本工艺标准适用于工业与民用建筑的通风与空调工程施工中普通薄钢板、镀锌薄钢板、不锈钢板及铝板的风管制作以及风口、风阀、罩类、风帽、静压箱、柔性短管等部件的制作。外购成品风阀、风口等部件的验收按外购产品质量验收。

1　引用标准

《通风与空调工程施工质量验收规范》GB 50243—2016

《通风与空调工程施工规范》GB 50738—2011

《通风管道技术规程》JGJ/T 141—2017

《建筑工程施工质量验收统一标准》GB 50300—2013

2　术语

2.0.1　风管：采用金属薄板材料制作而成，用于空气流通的管道。

2.0.2　风管配件：风管系统中的弯管、三通、四通、各类变径及异形管、导流叶片和法兰等。

2.0.3　风管部件：通风、空调风管系统中的各类风口、阀门、排气罩、风帽、检查门和测定孔等。

2.0.4　咬口：金属薄板边缘弯曲成一定形状，用于相互固定连接的构造。

3　施工准备

3.1　施工材料

3.1.1　所使用板材、型钢等主要材料应符合国家的产品质量标准，具有出厂检验合格证明书或质量检验合格的鉴定文件。

3.1.2　钢板应厚度均匀、表面平整、无锈蚀、无夹层，镀锌钢板的镀锌层应均匀，无起皮、结瘤等缺陷。

3.1.3 不锈钢板材应为奥氏体不锈钢，板面不得有刮伤、锈斑、凹凸和严重划痕等缺陷。

3.1.4 铝板材应为纯铝或铝合金板，表面不得有明显划痕及磨损。

3.1.5 型钢应该等型均匀，不得有裂纹、气泡、窝穴及其他影响质量的缺陷。

3.1.6 制作风管及配件的薄板厚度选用应符合设计要求，如设计无要求时参照表1-1～表1-3选用。

风管及配件钢板厚度 表1-1

类别风管 直径或长边尺寸 b（mm）	板材厚度（mm）				
	微压、低压系统风管	中压系统风管		高压系统风管	除尘系统风管
		圆形	矩形		
$b \leqslant 320$	0.5	0.5	0.5	0.75	2.0
$320 < b \leqslant 450$	0.5	0.6	0.6	0.75	2.0
$450 < b \leqslant 630$	0.6	0.75	0.75	1.0	3.0
$630 < b \leqslant 1000$	0.75	0.75	0.75	1.0	4.0
$1000 < b \leqslant 1500$	1.0	1.0	1.0	1.2	5.0
$1500 < b \leqslant 2000$	1.0	1.2	1.2	1.5	按设计要求
$2000 < b \leqslant 4000$	1.2	按设计要求	1.2	按设计要求	按设计要求

注：1. 螺旋风管的钢板厚度可按圆形风管减少10%～15%。
   2. 排烟系统风管钢板厚度可按高压系统。
   3. 不适用于地下人防与防火隔墙的预埋管。

不锈钢板风管和配件板材厚度（mm） 表1-2

风管直径或长边尺寸b	微压、低压、中压	高压
$b \leqslant 450$	0.5	0.75
$450 < b \leqslant 1120$	0.75	1.0
$1120 < b \leqslant 2000$	1.0	1.2
$2000 < b \leqslant 4000$	1.2	按设计要求

铝板风管和配件板材厚度（mm） 表1-3

风管直径或长边尺寸	不锈钢板厚度
$b \leqslant 320$	1.0
$320 < b \leqslant 630$	1.5
$630 < b \leqslant 2000$	2.0
$2000 < b \leqslant 4000$	按设计要求

3.1.7　风管金属法兰用料规格应符合表 1-4～表 1-7 的规定。

圆形风管法兰　　　　　　　　　　　　表 1-4

风管直径 D（mm）	法兰材料规格（mm）	
	扁钢	角钢
D≤140	20×4	—
140＜D≤280	25×4	—
280＜D≤630	—	25×3
630＜D≤1250	—	30×4
1250＜D≤2000	—	40×4

矩形风管法兰　　　　　　　　　　　　表 1-5

风管长边尺寸 b（mm）	法兰用料规格（角钢）（mm）
b≤630	25×3
630＜b≤1500	30×3
1500＜b≤2500	40×4
2500＜b≤4000	50×5

不锈钢法兰材料规格　　　　　　　　　表 1-6

圆形风管直径或矩形风管长边长（mm）	法兰用料规格（mm）（角钢）
≤280	25×4
320～560	30×4
630～1000	35×6
1120～2000	40×8

铝法兰材料规格　　　　　　　　　　　表 1-7

风管直径或长边尺寸（mm）	法兰用料规格（mm）	
	扁铝	角铝
≤280	30×6	30×4
300～560	35×8	35×4
600～1000	40×10	40×4
1060～2000	40×12	—

3.2　施工机具

3.2.1　机械设备：龙门剪板机、振动式曲线剪板机、手持式电动剪、单平咬口轧口机、按扣式咬口轧口机、联合角咬口轧口机、压筋机、压力机、折方机、翻边机、合缝机、卷板机、圆弯头咬口机、型钢切断机、法兰弯曲机、电动拉铆枪、台钻、手电钻、冲孔机、插条法兰机、螺旋卷管机、电焊机、氩弧焊机、空气压缩机。

3.2.2 工具：不锈钢板尺、钢直尺、塞尺、卡钳、卡尺、角尺、量角器、划规、平面规、划针、样冲、铁锤、木槌、拍板、各种手工剪、油漆喷枪、气焊工具等。

3.3 作业条件

3.3.1 施工前必须掌握施工组织设计、施工技术方案、技术安全措施的主要内容，并掌握质量标准以及有关的规程、规范等技术资料的规定。

3.3.2 风管制作应有经批准的设计图纸及根据图纸和现场实测情况绘制的加工草图、大样图。

3.3.3 集中加工预制应具有宽敞、明亮、洁净、地面平整、不潮湿的厂房，并有足够的堆放材料及半成品的场地。

3.3.4 现场分散加工应具有防雨雪、大风的措施。

3.3.5 施工前应对施工机械进行检修，使设备处于完好状态。检查机械运转情况是否正常，发现问题及时修好。

3.3.6 作业地点电气线路及用电设备必须符合有关安全用电的规定。

3.3.7 施工操作人员应由足够技术等级的合格通风工、铆工、焊工、机械工组成。

4 操作工艺

4.1 工艺流程

展开下料 → 板材剪切 → 咬口制作 → 折方、卷圆、焊接 → 风管加固 → 金属法兰制作 → 风管与法兰装配 → 部件制作

4.2 展开下料

4.2.1 下料前应依据加工草图放大样，画展开图，并加放咬口或搭接的留量，制作样板。并应与图纸尺寸详细校对无误后方可成批画线下料。

4.2.2 对形状复杂或数量较多的管件，宜先制作样品经检查合格后，方可继续制作。

4.2.3 在不锈钢板、铝板上下料划线时，应使用铅笔或色笔，不得在板材表面用金属划针划线。

4.2.4 圆形风管的弯曲半径及最少节数应符合表1-8规定。

圆形弯管弯曲半径和最少节数   表1-8

弯管直径 D（mm）	弯曲半径 R	弯曲度数和最少节数							
		90°		60°		45°		30°	
		中节	端节	中节	端节	中节	端节	中节	端节
80～220	≥1.5D	2	2	1	2	1	2	—	2
240～450	D～1.5D	3	2	2	2	1	2	—	2
480～800	D～1.5D	4	2	2	2	1	2	1	2
850～1400	D	5	2	3	2	2	2	1	2
1500～2000	D	8	2	5	2	3	2	2	2

注：除尘系统圆形弯管弯曲半径 $R \geq 2D$。

4.2.5 圆形风管的三通或四通，支管与主管的夹角宜为15°～60°夹角，制作偏差应小于3°。

4.2.6 空气净化系统风管板材应减少拼接。矩形风管底边小于或等于900mm时不得有拼接缝；大于900mm时应减少拼接缝，且不得有横向拼接缝。

4.3 板材剪切

4.3.1 龙门剪板机剪切批量板料时，板材可不划线，将剪床限位标尺按所需尺寸定位固紧。剪下第一块板后复核尺寸无误后批量剪切。若剪切工作中断再次剪切时，必须复核限位标尺确认无误方可剪切。

4.3.2 手电剪适用于板厚在1.2mm以下任意线性的剪切，使用前应根据被剪板材的厚度和电剪性能调整上下剪刀的间隙，刀刃应保持锋利。

4.4 咬口制作

4.4.1 镀锌钢板风管制作采用咬口连接，其他见表1-9。

金属风管接缝   表1-9

板厚（mm）	材质		
	钢板	不锈钢板	铝板
δ≤2.0	咬接	咬接	咬接
δ＞2.0	焊接	焊接（氩弧焊）	焊接（气焊或氩弧焊）

4.4.2 风管及管件的咬口形式、咬口宽度和留量、适用范围可参照表1-10。

咬口形式、留量及用途 表1-10

名称	宽度 B (mm)	留量		用途
		单	双	
单平咬口	7～12		1.5B	拼接缝、圆形风管纵、横缝
单立咬口	7～12	B	2B	圆形弯头及部分异形部件的横缝
单角咬口	7～10	B	2B	矩形风管闭合角缝
联合角咬口	7～12	B	3B	矩形风管及部件的闭合角缝
按扣式角咬口	7～12	B	2.5B	矩形风管及部件的闭合角缝

4.4.3 机械轧制各种咬口前应根据板料厚度、咬口宽度对设备间隙作细致的调整，并进行试轧，直到咬口成形良好，满足规定要求方可批量进行轧口。

4.4.4 不同咬口形式的板料应分类堆放，分批轧口，以免错轧。特别是不锈钢板轧错后修改时易断裂，更应特别注意。

4.5 折方、卷圆、焊接

4.5.1 压力折方机折弯时应先调整设备间隙，保证曲轴到最低位置时上下模之间有适当间隙，调好后进行试压，根据折弯板材的折弯角度调整上模直至折弯角度符合要求。

4.5.2 电动折弯机折弯应先调整折弯角度及间隙，折弯线应对准折弯机折棱。

4.5.3 采用卷板机卷圆时，先根据风管直径调整上下轧辊的距离，上辊调整高度应以板材顺利卷入为准。

4.5.4 同规格风管批量卷圆，应先试卷，然后批量加工。

4.5.5 折方或卷圆后的钢板用合缝机或手工进行合缝，力度应适中均匀，并应防止咬缝因打击振动而造成半咬或开咬，接口两侧圆弧必须均匀。

4.5.6 金属风管制作采用焊接时，可采用气焊、电焊、氩弧焊、接触焊，焊缝形式应根据风管的构造、钢板厚度、焊接方式选用。焊接工艺应遵守焊接规程的有关规定，焊接完成后需对风管整体进行防腐处理。

4.5.7 焊接方法选用：一般钢板风管宜采用手工电弧焊或二氧化碳气体保护焊，材料较薄时宜采用气焊；不锈钢板焊接宜采用非熔化极氩弧焊或手工电弧焊；铝板焊接宜采用气焊或氩弧焊。

4.5.8 组对焊缝应严密,固定焊点间距不应大于100mm,点焊结束将焊缝打平打严。

4.5.9 不锈钢板焊接前应将焊缝处的油污、杂物清除干净,焊后应进行酸洗钝化。

4.5.10 铝板焊接前应有用较软的钢丝刷或铜丝刷将焊缝处的氧化层、油污、杂物等清理干净,清理工作不得损伤板材,以露出银白色光泽为宜,若采用气焊,清理结束后应立即涂焊剂施焊。

4.6 风管加固

4.6.1 矩形风管边长大于或等于630mm、保温风管边长大于或等于800mm,其管段长度大于1250mm或低压风管单边面积大于1.2m²,中、高压风管单边面积大于1.0m²时,均应采取加固措施。边长小于或等于800mm的风管宜采用压筋加固。边长在400~630mm之间,长度小于1000mm的风管也可采用压制十字交叉筋的方式加固。圆形风管(不包括螺旋风管)直径大于或等于800mm,且其管段长度大于1250mm或总表面积大于4m²时,均应采取加固措施。加固形式见图1-1。

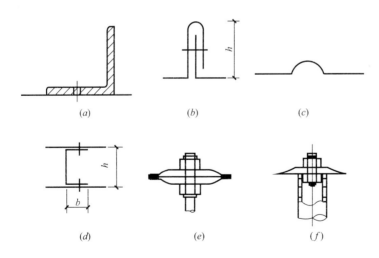

图1-1 加固形式

(a) 角钢加固;(b) 立咬口加固;(c) 楞筋加固;(d) 扁钢内支撑;(e) 螺杆内支撑;(f) 钢管内支撑

4.6.2 楞筋(线)的排列应规则,间隔应均匀,最大间距应为300mm,板面应平整,凹凸变形(不平度)不应大于10mm。

4.6.3 角钢或采用钢板折成加固筋的高度应小于或等于风管的法兰高度，加固排列应整齐均匀。与风管的铆接应牢固，最大间隔不应大于220mm；各条加箍筋的相交处，或加箍筋与法兰相交处宜连接固定。

4.6.4 管内支撑与风管的固定应牢固，穿管壁处应采取密封措施。各支撑点之间或支撑点与风管的边沿或法兰间的距离应均匀，且不应大于950mm。

4.6.5 当中压、高压系统风管管段长度大于1250mm时，应采取加固框补强措施。高压系统风管的单咬口缝，还应采取防止咬口缝胀裂的加固或补强措施。

4.6.6 采用角钢和扁钢框加固的风管，加固框与法兰装配同时进行。加固框与风管壁的连接，咬口风管应采用铆接，焊接风管应采用断续焊接，焊缝30mm，断开100mm。加固用料见表1-11。

风管加固形式及材料 表 1-11

边长（mm）	加固形式	加固框材料（mm）
630～800	对角或沿气流方向压凸棱，铆焊加固框或内加固筋	—30×4
1000～1250	铆焊角铁加固框	∟30×30×4
1600～2000	沿对角线铆焊角铁	∟30×30×4

4.6.7 洁净空调系统的风管不应采用内加固措施或加固筋，风管内部的加固点或法兰铆接点周围应采用密封胶进行密封。

4.7 金属法兰制作

4.7.1 矩形法兰制作

1 矩形法兰材料剪切应采用型钢切割机，严禁气割。调直可采用型钢调直机或手工调直。

2 下料调直后应采用冲床或钻床钻法兰螺栓和铆钉孔。间距：低压和中压≤150mm，高压系统风管应≤100mm，矩形法兰四角处应设螺孔。冲孔应在焊接前进行。

3 为便于安装时互换使用，同规格法兰盘的螺栓孔或铆钉孔的位置均应先做出标准样板，并经检查无误后按样板进行钻孔。

4 冲孔后的角钢焊接应在胎具上进行。焊件固在胎具上应先固定焊，然后平焊，最后脱胎焊立缝。

4.7.2 圆形法兰制作：按所需法兰直径调整法兰煨弯机上辊至适宜位置，将调直后的整根角钢或扁钢卷成螺旋形状，然后划线、切割、找圆、找平、焊接、打孔。

4.7.3 风管及法兰制作尺寸、允许偏差和检验方法应符合表 1-12～表 1-14规定。

圆形风管法兰 表 1-12

风管直径 D（mm）	法兰材料规格（mm）	
	扁钢	角钢
D≤140	20×4	—
140＜D≤280	25×4	—
280＜D≤630	—	25×3
630＜D≤1250	—	30×4
1250＜D≤2000	—	40×4

矩形风管法兰 表 1-13

风管长边尺寸 b（mm）	法兰用料规格（角钢）（mm）
b≤630	25×3
630＜b≤1500	30×3
1500＜b≤2500	40×4
2500＜b≤4000	50×5

风管及法兰制作尺寸的允许偏差和检验方法 表 1-14

项次	项目		允许偏差（mm）	检验方法
1	圆形风管外径	φ≤300mm	1～0	用尺量互成90°的直径
		φ＞300mm	−2～0	
2	矩形风管大边	≤300mm	−1～0	尺量检查
		＞300mm	−2～0	
3	圆形法兰直径		0～+2	用尺量互成90°的直径
4	矩形法兰边长		0～+2	用尺量四边
5	矩形法兰两对角线之差		3	尺量检查
6	法兰平整度		2	法兰放在平台上，用塞尺检查
7	法兰焊缝对接处的平整度		1	

4.8 风管与法兰装配

4.8.1 风管与角钢法兰连接，管壁厚度小于或等于 1.5mm 时，可采用翻边铆接，翻边尺寸不应小于 6mm，但不得遮挡螺栓孔。铆钉规格、铆孔尺寸见

表 1-15。

圆、矩形风管法兰铆钉规格及铆孔尺寸　　　　　　表 1-15

类型	风管规格	铆孔尺寸	铆钉规格
方法兰	120～630	$\phi4.5$	$\phi4\times8$
	800～2000	$\phi5.5$	$\phi5\times10$
圆法兰	200～500	$\phi4.5$	$\phi4\times8$
	530～2000	$\phi5.5$	$\phi5\times10$

4.8.2 风管壁厚大于 1.5mm 可采用翻边点焊或沿风管管口周边满焊。风管与扁钢法兰连接可采用翻边连接或焊接。

4.8.3 不锈钢风管的法兰采用碳素钢时，型钢表面应镀铬或镀锌。铆接应采用不锈钢铆钉。

4.8.4 铝板风管的法兰采用碳素钢时，型钢表面应镀锌或涂绝缘漆，铆接应采用铝铆钉。

4.8.5 装配时，法兰盘平面与风管或部件的中心线应相互垂直，风管翻边应平整，并与法兰靠平。

4.8.6 空气净化系统风管应按洁净等级或设计要求，咬口缝处所涂密封胶宜在正压侧，镀锌钢板风管的咬口缝、折边和铆接等处有损伤时，应进行防腐处理

4.8.7 风管成品经检测合格后应按系统及连接顺序对风管进行编号。

4.9　风帽、软管部件制作

4.9.1 风帽制作工艺流程

下料 → 零件制作 → 组装 → 刷油 → (K) 安装

注：K——质量检测控制点。

4.9.2 风帽制作、下料、剪切、咬口等工艺方法与规定可参见"风管制作"部分。

4.9.3 伞形风帽制作

1 伞形风帽展开时应考虑卷边量和咬口留量，闭合缝采用单平咬口。有拼缝时，拼缝应作成顺水形式，卷边留量应为 250% 卷丝直径。

2 伞形帽、直管的装配孔宜在闭合缝咬口前钻好。支撑扁铁制作应先划线剪切，然后钻孔煨弯。

4.9.4 筒形风帽制作

1 螺栓孔、铆钉孔宜在下料后钻孔，外筒加固宜在成形前进行，加固材料的接缝应与外筒闭合缝错开。

2 支撑扁铁煨制应有准确的样板。

3 组装时，应先在扩散管上画出挡风圈的位置，然后铆接。伞形帽和扩散管应先用支撑扁铁连接在一起，然后装入外筒用螺栓固定。

4.9.5 风帽制作完毕应按设计或使用要求作防腐处理。

4.9.6 柔性管制作工艺流程

$$\boxed{下料} \rightarrow \boxed{缝制或焊接} \rightarrow \boxed{成型} \rightarrow \boxed{法兰组装}$$

4.9.7 柔性短管制作材料可采用帆布、人造革、软聚氯乙烯、软橡胶板等。

4.9.8 帆布或人造革制作柔性短管时，先按管径展开，并加放 20～30mm 的加工留量，然后用缝纫机缝合。缝好的柔性短管加垫镀锌铁皮条铆接在法兰盘上并翻边。

4.9.9 软聚氯乙烯板制作柔性短管的程序如下：

1 先按管径展开，并加放 10～15mm 的搭接量。

2 柔性短管的接缝采用空气加热焊接，热风温度不宜过高，一般为170℃左右。

3 塑料软管用钢卡箍在法兰盘上，钢卡应用不锈钢或镀锌铁皮制作。

4.9.10 柔性短管一般为150～250mm，其接合缝应牢固、严密，并不得作为异径管使用。

4.9.11 如需防潮，帆布柔性短管应刷油漆。

4.10 静压箱的制作

4.10.1 静压箱制作中下料、剪切、焊接、咬口等工艺要求参见"风管制作"部分。

4.10.2 净化系统静压箱的制作，应采用不易锈蚀的材料。成型应采用咬接或焊接，接缝宜少。采用咬接时，宜用转角咬口或联合角咬口，咬缝处应涂密封胶；采用焊接时，焊缝处严禁有裂纹和穿孔。

4.10.3 静压箱内固定高效过滤器的框架及固定件应作镀锌、镀镍等防腐处理。

4.11 其他部件制作

4.11.1 导流叶片、检查门、测温孔均应按国家标准图集或设计要求制作。

4.11.2 内弧形、内斜线矩形弯管，径向边长大于 500mm 应设置导流片，导流片连接板厚度与弯管壁相同，导流片弧度应与弯管的角度一致。

4.11.3 洁净系统中的清扫口和检查门，必须开闭灵活，密闭性好。密闭垫料应采用闭孔海绵橡胶板、密封橡胶条等不产尘、不积尘、弹性好的材料制作。

4.11.4 测孔应安装在风管的中心线易于操作的地方，温度测孔最好安在气流由下向上的竖风管上，开孔尺寸、插入深度均应满足测试要求。孔口应能封闭严密。

5 质量标准

5.1 主控项目

5.1.1 风管的规格、尺寸和用料必须符合设计要求，风管材料耐火等级应满足防火设计要求。

5.1.2 风管咬缝必须紧密，宽度均匀，无孔洞、半咬口和胀裂等缺陷，直管纵向咬缝应错开。

5.1.3 风管焊缝严禁有烧穿、漏焊和裂纹等缺陷，纵向焊缝必须错开。

5.1.4 防排烟系统的柔性矩管必须为不燃材料制成。

5.1.5 板材拼接不得有十字形拼缝。

5.1.6 低、中压风管的法兰螺栓孔距应小于或等于 150mm，高压风管应小于或等于 100mm，矩形风管法兰的四角应设有螺孔。

5.1.7 输送含有易燃、易爆气体或安装在易燃、易爆环境的风管系统应有良好的接地，通过生活区或其他辅助生产房间时必须严密，并不得设置接口。

5.1.8 防火风管加固框架与固定材料、密封垫料应为不燃材料。

5.1.9 风管穿过需要封闭的防火、防爆楼板或墙体时，应设壁厚不小于 1.6mm 的预埋管或防护套管，风管与防护套管之间应采用柔性不燃材料封堵。

5.2 一般项目

5.2.1 风管外观质量应达到折角平直、圆弧均匀、两端面平行、无翘角，表面凹凸不大于 10mm；风管与法兰连接牢固、翻边平整，宽度不小于 6mm，紧贴法兰。

5.2.2　风管加固应牢固可靠、整齐、间距适宜、均匀对称。

5.2.3　风管法兰孔距应符合设计要求和施工规范的规定，焊接应牢固，焊缝处不设置螺孔，螺孔具备互换性。

5.2.4　铆钉不得由法兰端穿入，不得有松动和歪铆现象，管壁应紧贴法兰。

5.2.5　圆管制作圆弧应均匀，不得出现死弯、明显折痕、直边等现象。

5.2.6　矩形风管制作折线、折角应准确。折棱平直，两侧无明显圆弧。

5.2.7　不锈钢板、铝板风管表面应无划痕、锈斑等缺陷，复合钢板风管表面无损伤。

5.2.8　金属插条法兰宽窄要一致，插入两管端后应牢固可靠。

5.2.9　各类风帽应结构牢固，接口尺寸与接管一致。伞形帽伞盖边沿应有加固措施，支撑均匀，高度一致；锥形风帽的内外锥圆心，锥体组装的连接缝应吸水，排水应畅通；筒形风帽外筒边沿应加固，其不圆度大于 20%，伞盖边沿与外筒的间隙应一致，挡风圈的位置应正确，三叉形风帽支管的夹角应一致，与主管的连接严密，主管与支管锥度应为 $3°\sim4°$。

5.2.10　弯管导流叶片的村属应与风管一致，边沿圆滑，连接牢固，弧度和间距符合设计要求，长度超过 1250mm 时，应采取加固措施。

5.2.11　柔性矩管应防腐、防潮、不透气、不霉变，用于空调系统应采取防结露措施，用于洁净系统应内壁光滑，不易产生尘埃的材料，接缝应严密、牢固；矩管长度一般为 $150\sim200$mm，设于结构沉降缝处的短管长度应比结构缝长 100mm。

5.2.12　风管制作质量的检验应按其材料、工艺、风管系统工作压力和输送气体的不同分别进行。工程中使用的外购成品风管应有检测机构提供的风管耐压强度、严密性检测报告。

5.1.13　风管密封材料应符合系统工作条件，法兰与接口处应严密。

5.1.14　角钢法兰风管的连接螺栓安装方向应一致，且均匀拧紧。薄钢板法兰风管的弹簧夹或顶丝卡的间距小于 150mm。

5.1.15　矩形、圆形风管连接附件的规格、板厚应符合规范规定。

6　成品保护

6.0.1　风管及其半成品应码放平整、稳固，并有防潮、雨、雪、风措施。

不同材料风管应分开堆放。不锈钢、铝板风管应单独存放，不得与黑色金属一起堆放。

6.0.2 风管搬运、装卸应轻拿轻放，长距离运输应采取有效的防护措施。

6.0.3 洁净系统的风管在存放期间，应对风管的敞口进行封闭，以避免积尘。

7 注意事项

7.1 应注意的质量问题

7.1.1 金属风管制作时易产生的质量问题和防治措施参照表1-16。

风管制作易产生的质量问题及防治措施   表 1-16

序号	常产生的质量问题	防治措施
1	铆钉松动、歪斜	按工艺正确操作；加长铆钉
2	法兰翻边不平整，宽度不匀	提高风管下料和合口精度； 风管片料必须切角
3	法兰安装不正	用方尺找正使法兰与直管棱垂直
4	法兰四角漏风	折角处不得切口
5	矩形风管扭曲、翘角	严格找方； 板料咬口预留尺寸必须正确； 咬口宽度一致，法兰安装平行
6	三通角度不准确	正确展开、划线，咬口均匀

7.2 应注意的安全问题

7.2.1 作业地点电气线路及用电设备必须符合《安全生产管理办法》的规定。施工现场设备安装合理，场地整洁，道路畅通，废料不得乱扔。

7.2.2 施工时应按规定穿戴劳动保护用品，工作服袖口应扎紧，女工的辫子或长发不得外露。

7.2.3 剪切时手严禁伸入机械压板空隙中，上刀架不准放置工具等物品，调整板料时，脚不能放在踏板上。

7.2.4 使用剪板机、冲床等需要两人共同作业的机械时，掌握操纵器的人员必须等一起工作的人员的手离开危险区域，得到开机信号后方准开机。

7.2.5 咬口时，手指距滚轮护壳不小于5cm，手柄不准放在咬口机轨道上。扶稳板料，送料应平直。

7.2.6 使用卷圆机、煨弯机时，手不得随料前进，并不得将手放在加工件上。

7.2.7 在风管内铆法兰、腰箍、冲眼时，管外配合人员面部要避开冲孔，管内人员必须穿绝缘鞋，并戴绝缘手套。

7.2.8 使用钻床钻孔时严禁戴手套，工件应垫平垫牢，必要时进行固定。

7.2.9 使用木、铁、大锤之前，应检查锤柄是否牢靠。打大锤时，严禁戴手套，并注意四周人员和锤头起落范围有无障碍物。

7.3 应注意的绿色施工问题

7.3.1 风管制作过程中咬口合缝敲打过程、龙门剪板机下料过程等产生噪声的工作内容应注意做好噪声防治工作，尽量选用噪声较小的设备，并安排在地下室等容易控制噪声的场所进行上述工作。

7.3.2 法兰焊接施工过程中应注意弧光造成的光污染控制。

8 质量记录

8.0.1 金属风管与配件制作分项工程质量验收记录。

8.0.2 金属风管与配件制作检验批质量验收记录。

第2章　酚醛（聚氨酯）铝箔复合风管安装

本工艺标准适用于城市轨道交通地铁工程、一般的民用建筑通风系统酚醛铝箔复合风管安装。

1　引用标准

《通风与空调工程施工质量验收规范》GB 50243—2016
《通风与空调工程施工规范》GB 50738—2011

2　术语（略）

3　施工准备

3.1　材料及机具准备

3.1.1　根据设计图纸，编制工程所需材料用量计划，做好备料、供料和确定仓库、堆场面积及组织运输的依据。

3.1.2　设备加工订货准备：根据施工进度计划及施工预算提供的各种设备数量，并编制相应的需求量计划。

3.1.3　根据工序要求以及施工进度安排，编制施工机具需求计划并确定进场时间。

3.1.4　对专用工具进行进场前的检查验收，确保进场施工机具性能满足使用要求。

3.2　作业条件准备

3.2.1　认真组织现场测量，确保定位准确，加工尺寸无误。

3.2.2　制定材料运输路线、时间、数量，保证施工的正常进行。

3.2.3　施工场地临时用电、临时照明条件具备。

4 操作工艺

4.1 工艺流程

现场测量放线 → 制作支、吊架 → 安装支、吊架 → 风管连接 → 检测 →
安装就位找平找正

4.2 现场测量放线

4.2.1 根据设计图纸并参照土建基准线找出风管安装标高。矩形风管标高从管底算起，而圆形风管是从风管中心算起。

4.2.2 确定风管主、支管安装平面位置，可在建筑物顶部用墨线划出风管主、支管安装中心轴线。

4.3 制作支、吊架

4.3.1 按照风管系统所在空间位置和风系的形式、结构，确定风管支、吊架形式。

4.3.2 支、吊架间距应符合下列规定：

1 风管水平安装，大边长小于1000mm，其间距不超过2.5m；大于或等于1000mm，不应大于2m。

2 对消声器、加热器等在风管上安装的设备，其两端风管应各设一个支、吊点。

4.3.3 风管支吊架制作具体作法和用料规格应参照国家通风安装标准图集。

4.3.4 支吊架的钻孔位置在调直后划出，严禁使用气割螺孔。

4.3.5 支吊架制作完毕后，应进行除锈，刷一遍防锈漆。用于不锈钢、铝板风管的支吊架应作防腐绝缘处理，防止电化学或晶间腐蚀。

4.4 支、吊架安装

4.4.1 支架安装

1 支架采用膨胀螺栓固定，先找出螺栓位置，对于膨胀螺栓孔，应严格按照螺栓直径钻孔，不得偏大，支架的水平度应采用钢垫片调整，过墙螺栓的背面必须加挡板。

2 支架在现浇混凝土墙、柱上时，可将支架焊接在预埋件上。如无预埋件时应用膨胀螺栓固定支架。柱上安装支架也可用螺栓、角铁或抱箍将支架卡箍在柱上。

4.4.2 吊架安装

1 按风管中心线找出吊杆敷设位置,双吊杆吊架应以风管中心轴线为对称轴敷设,吊杆应离开管壁 20~30mm。

2 靠墙安装的垂直风管应用悬臂托架或有斜撑支架,不靠墙、柱穿楼板安装的垂直风管宜采用抱箍支架,室外或屋面安装立管应用井架或拉索固定。

3 为防止圆形风管安装后变形,应在风管支、吊架接触处设置托座。

4.5 风管连接

4.5.1 酚醛铝箔复合板风管管段连接,以及风管与阀部件、设备连接的基本形式如表 2-1 所示。

风管与阀部件、设备连接的基本形式   表 2-1

连接方式		附件材料	适用范围
45°角粘接		铝箔胶带	$b \leqslant 500mm$
槽形插件连接		PVC	低压风管 $b \leqslant 2000mm$ 中、高压风管 $b \leqslant 1600mm$
工形插件连接		PVC	低压风管 $b \leqslant 2000mm$
		铝合金	$b \leqslant 3000mm$
"H"连接法兰		PVC、铝合金	用于风管与阀部件、设备连接

注:1. 在选用 PVC 及铝合金成形连接件时,应注意连接件壁厚,插接法兰件的壁厚应大于或等于 1.5mm。风管管板与法兰(或其他连接件)采用插接连接时,管板厚度与法兰(或其他连接件)槽宽度应有 0.1~0.5mm 的过盈量,插件面应涂满胶粘剂。法兰四角接头处应平整,不平度应小于或等于 1.5mm,接头处的内边应填密封胶。低压风管边长大于 2000mm、中高压风管边长大于 1500mm 时,风管法兰应采用铝合金材料。
   2. b 为内边长。

4.5.2 主风管与支风管的连接

主风管上直接开口连接支风管可采用 90°连接件或其他专用连接件,连接件四角处应涂抹密封胶。当支管边长不大于 500mm,也可采用切 45°坡口直接连接。如图 2-1。

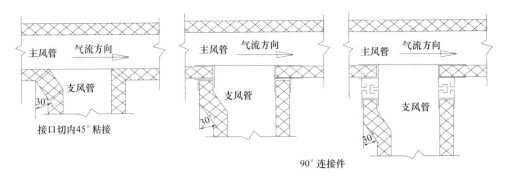

图 2-1　主风管与支风管的连接

4.5.3　风管与部件的连接方式，采用"F"法兰连接，如图 2-2 所示。

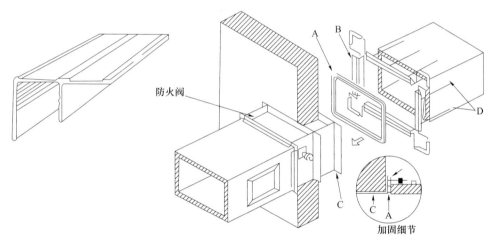

图 2-2　风管与部件连接

A—密封填料；B—"F"型法兰；C—防火调节阀；D—自旋螺钉

　　4.5.4　风管吊装安装前依施工图的要求，确定风管走向、标高；检查风管按分段尺寸制作成形后，要按系统编号并标记，以便安装；风管的尺寸，法兰安装是否正确；风管及法兰制作允许偏差是否符合规定；风管安装前应清除其内、外表面粉尘及管内杂物。

　　4.5.5　按设计要求在风管承重材料上钻膨胀套孔。用全丝螺丝制作吊杆。吊杆按吊装高度要求，用砂轮切割机下料，安装吊杆。按设计要求对横担下料、钻孔，并做好防腐处理。吊装风管，在风管下安装横担和防震垫，用平垫、弹垫、螺母固定横担。按设计要求安装连接风管、通风系统部件。对金属法兰和金属通风部件做绝热处理。

4.5.6 风管修复：风管在搬运、安装过程受到偶然的碰撞会引起损坏。根据风管损坏程度有不同的修复方法。风管表面铝箔凹痕和刮痕，可以通过表面修平或重新粘贴新的铝箔胶带修复；风管壁产生孔洞比较大时，将孔洞45°切割方块后，再按相等的方块封堵，粘接缝粘贴铝箔胶带；风管壁产生小孔洞可用玻璃胶封堵，再粘贴铝箔胶带；法兰处断裂时，距法兰处300mm切割下来，增补一节短管。

4.6 检测

风管制作与风管系统安装完毕后，按分项工程质量检验程序和要求分别进行质量检查验收。风管耐压强度应符合《通风管道技术规程》JGJ/T 141—2017附录A《风管耐压强度及漏风量测试方法》的规定。漏光法检验和漏风量试验方法按《通风空调工程施工质量验收规范》GB 50243—2016规定实施。

4.7 风管就位，找平、找正

4.7.1 风管吊装前应对连接好的风管平直度及支管、阀门、风口等的相对位置进行复查，并应进一步检查支、吊架的位置、标高、强度，确认无误后按照先干管后支管、先水平后垂直的顺序进行安装。

4.7.2 整体吊装

1 吊点设置可根据风管壁厚、连接方式、风管截面形状综合考虑。吊点间距宜为5～7m。无法兰连接、薄壁、矩形风管的吊点应适当缩短。吊点应设在梁、柱等坚固的结构上，对于无合适锚点的情况，应专门设立桅杆。

2 风管绑扎应牢固可靠，矩形风管四角应加垫护角或质地较软的材料。圆形风管绑扎不宜选在法兰处。

3 吊装时，应慢慢拉紧系重绳索，并检查各锚点及绳索的受力情况、风管平衡情况等确认无误后起吊。风管吊起100～200mm时应停止起吊，再次检查倒链、滑轮、绳索及受力点。

4 风管整体吊装宜选用多吊点吊装，吊装过程中每吊一定高度应进行一次平衡，以免使风管断裂。风管吊装就位后，应先用吊架固定，确认风管稳固好后才可以解去吊具，最后找平找正。

5 垂直风管管体吊装，不宜多设吊点，吊装前宜将风管进行临时加固，在风管中段设吊点。起吊一定高度后，旋转风管成垂直状态。垂直风管吊装时，风管在空中要旋转，绑扎绳索应靠近法兰，以免绳扣滑移。室外安装风管时考虑风力对安装工作的影响。

4.7.3　分节吊装

1　风管受安装条件的限制不易整体吊装时，应采用分节吊装。

2　风管可在地面连成不大于 6m 的管段，并应在风管安装位置搭设脚手架或升降操作平台等，就位一段，安装一段，逐段进行。

5　质量标准

5.1　主控项目

5.1.1　风管安装必须符合下列规定：

1　风管和空气处理室内部，严禁其他管线穿越；

2　现场风管接口的配置，不得缩小其有效截面；

3　输送含有易燃、易爆气体和安装在易燃、易爆环境的风管系统应有良好的接地，通过生活区或其他辅助生产房间必须严密，并不得设置接口；

4　风管穿出屋面外应有防雨装置。室外立管的拉索严禁拉在避雷针或避雷网上。

5.2　一般项目

5.2.1　风管及部件安装完毕后，应按系统类别进行严密性检验，漏风量应符合设计与规范规定。风管系统严密性检验的施行，应符合规范规定。

1　低压系统风管的严密性检验宜采用抽检，抽检率为 5%，且不得少于一个系统。在加工工艺得到保证的前提下，采用漏光法检测。检测不合格时，应按规定的抽检率，作漏风量测试。

2　中压系统风管的严密性检验，应在严格的漏光法检测合格条件下，对系统风管漏风量进行抽检，抽检率为 20%，且不得少于一个系统。

3　高压系统风管的严密性检验，为全数进行漏风量测试。

4　系统风管严密性检验的被抽检系统，应全数合格，可视为通过。如有不合格时，则应再加倍抽检，直至全数合格。

5.2.2　风管系统安装应符合下列规定：

1　风管安装前，应清除内外杂物做好清洁及保护工作。

2　风管安装的位置、标高、走向，应符合设计要求。

3 连接法兰的螺栓应均匀拧紧，其螺母宜在同一侧。

4 风管连接的接口处应严密、牢固。风管法兰垫片的材质应符合系统功能的要求，厚度不小于 3mm。垫片不允许漏垫与凸入管内，亦不宜突出法兰面。

5 风管连接应平直、不扭曲。明装风管水平安装，水平度的偏差，不应大于 3mm/m，总偏差不应大于 20mm。明装风管垂直安装，垂直度的偏差，不应大于 2mm/m，总偏差不应大于 20mm。暗装风管位置应正确，无明显偏差。

6 安装的柔性短管应松紧适度，无明显扭曲。

7 可伸缩性金属或非金属软风管的长度不宜超过 2m，并不应有死弯或塌凹。

8 风管与砖、混凝土风道的接口应顺气流方向，并应采取密封措施。

9 无法兰连接风管的连接处，应完整无缺损、表面应平整。承插风管四周缝隙应一致，无明显的弯曲或折皱，外粘的密封带或胶应贴紧、粘牢。薄钢板法兰连接风管的弹簧夹或紧固夹的间隔不应大于 150mm，且分布均匀，无自由松动现象。

5.2.3 风管支、吊架应符合下列规定：

1 风管水平安装，直径或长边尺寸小于等于 400mm，间距不应大于 4m；大于 400mm，间距不应大于 3m。

2 风管垂直安装，间距不应大于 4m，单段直管至少应有二个固定点。

3 风管支、吊架应按国标图集选用，确保有足够的强度和刚度。对于直径或边成大于 2500mm 的超宽、越重等特殊风管支、吊架应符合设计的规定。

4 支、吊架不宜设置在风口、阀门、检查门及自控机构处，离风口或插接管的距离不宜小于 200mm。

5 水平悬吊的主干风管长度超过 20m 时应设置防止摆动的固定点，每个系统不少于 1 个。

6 吊架的螺孔应采用机械加工。吊杆应平直，螺纹完整、光洁。安装后各副支、吊的受力应均匀，无明显变形。

5.2.4 风管的连接和加固等处应有防止产生冷桥的措施。

5.2.5 酚醛铝箔复合板风管与聚氨酯铝箔复合板风管折角应平整。

6 成品保护

6.0.1 安装完的风管不得踩踏、碰撞，以确保风管及保温层的完好。

6.0.2 严禁已安装完的风管作为支、吊、托架，不允许将其他支、吊架焊在或挂在风管法兰和风管支、吊架上。

6.0.3 阀门、风口等部件出库后应妥善保管，防止风口受挤压变形或表面划伤。

6.0.4 安装不锈钢、铝板风管时，应尽量减少与铁质物品接触，并应防止产生刮伤表面现象。

6.0.5 风管伸入结构风道时，其末端应安装上钢丝网，以防止系统运行时杂物进入金属风道内。

7　注意事项

7.1　应注意的质量问题（见表2-2）

风管及部件安装易产生质量问题及防治措施　　　　　表 2-2

序号	常产生的质量问题	防治措施
1	风管安装不顺直，扭曲	安装前应检查风管两边法兰平行度、法兰与轴线垂直度；加强成品保护，严禁人员踩踏风管；控制风管一次吊装长度，避免一次吊装风管长度超长，造成变形
2	风管安装高低不平	支、吊架安装时应用水平找平；调整支、吊架标高，增加支架；支架标高应考虑风管变径影响
3	风管安装后，易左右摆动，不稳定	增设防晃支架
4	吊杆不直、倾斜，抱箍不紧，托架不平	加强支架下料钻孔质量控制； 下料后应进行调直，支架安装后找平找直
5	支、吊架装在法兰、阀门、风管风量测定孔处	安装前认真核对支、吊架与法兰、阀门之间的相对距离
6	风口与风管连接不严	涂密封胶或缠密封胶带； 支管尺寸应与风口相配
7	法兰垫料突出法兰外或伸进管内，垫料接头处有空隙	尽量减少垫料接头；垫料长度、宽度应按法兰尺寸剪切。洁净系统应采用榫形接头连接

7.2　应注意的安全问题

7.2.1 安装施工必须戴好安全帽，高处作业应系好安全带，严禁穿硬底鞋。

7.2.2 手持电动工具应有漏电保护装置。

7.2.3 吊装前应检查滑轮、绳索、桅杆、倒链等吊装工具和设备状况与负载能力。

7.2.4 用滑车或倒链吊装风管时，要将滑车或倒链绑牢在固定的结构上，不得松动。

7.2.5 风管吊装时，严禁人员站在被吊风管下方，风管上严禁站人。

7.2.6 使用梯子时，梯子结构应牢固，梯子与地面夹角以 60°左右为宜，梯子上端要扎牢，下端采取防滑措施。

7.2.7 施工现场孔洞应加盖板，以防坠人坠物事故发生。

7.2.8 在斜坡、屋面上安装风管、风帽时，应挂好安全带，并用可靠索具将风管绑好，待安装完毕后，再拆除索具，以免掉下伤人。

8 质量记录

8.0.1 酚醛复合风管进货验收记录表。

8.0.2 酚醛复合风管风管安装检验批质量验收记录。

第3章 酚醛彩钢板复合风管安装

本工艺标准适用于城市轨道交通地铁工程、一般的民用建筑酚醛彩钢板复合风管通风系统风管安装。

1 引用标准

《通风与空调工程施工质量验收规范》GB 50243—2016
《通风与空调工程施工规范》GB 50738—2011

2 术语

2.0.1 彩钢复合风管：表面采用不小于 0.5mm 厚涂装无机材料的薄钢板，以离心玻璃纤维板、酚醛板、聚氨酯板等材料作为芯层，厚度不小于 25mm，经高强度粘合工艺加工成型的板材制作的风管。

2.0.2 保温型法兰：是指由一部分 PVC 材质、一部分铝合金材质组合成的中空法兰，能够起到阻断冷桥的作用，防止结露。

2.0.3 "U"、"H"、"F" 形插件：指使用 PVC 或铝合金材质制作的型材，用于风管与风管、风管与部件之间的连接法兰制作。

2.0.4 "C" 型插件：是指用于连接法兰与法兰之间的紧固件。

2.0.5 分叉管：泛指风管的三通、四通。

2.0.6 角加固：是指风管内部四角处加装 "⌐" 型角铁加固。

2.0.7 镀锌补偿角：连接固定法兰两边的构件。

2.0.8 平面加固：是指为了提高风管的强度在每段风管平面的中心位置，上下打孔加装 PVC 管或 PVC 管内穿通丝杆的一种加固方式。

3 施工准备

3.1 材料及机具准备

3.1.1 根据施工预算中的工料分析，编制工程所需材料用量计划，做好备料、供料和确定仓库、堆场面积及组织运输的依据。

3.1.2 设备加工订货准备：根据施工进度计划及施工预算提供的各种设备数量，并编制相应的需求量计划。

3.1.3 根据工序要求以及施工进度安排，编制施工机具需求量计划并确定进场时间。

3.1.4 对专用工具进行进场前的检查验收，确保进场施工机具性能满足使用要求。

3.2 作业条件准备

3.2.1 依据设计文件、设备说明、质量计划书及施工技术措施等资料，制定交底提纲进行技术交底。按照会审后的施工图、施工验收规范、质量检验评定标准、施工组织设计、施工计划及现场情况向各专业班组进行施工重点、要点、连接点及原则性问题进行交底。

3.2.2 施工过程中技术资料的填写与施工进度的同步。认真填写各种原始记录、资料和质量验收表格，经各方签证后存档作为竣工验收档案，资料的整理做到与施工进度同步。

3.2.3 认真组织现场测量，确保定位准确，加工尺寸无误。

3.2.4 制定材料运输路线、时间、数量，保证施工的正常进行。

4 操作工艺

4.1 工艺流程

风管放样制作 → 风管切割压弯 → 风管法兰制作 → 风管组合 →
支吊架安装 → 风管安装

4.2 风管放样制作

4.2.1 一般彩钢复合板材供货板宽为 1200mm，长度为 3m 或 4m，根据风管边长尺寸及板材宽度，矩形直风管的放样按图 3-1 所示的组合方法。按风管大小计算放样尺寸。按计算的放样尺寸用钢直尺或钢卷尺在板材上丈量，用方铝合金靠尺和画笔在板材上画出板材切断线、V 形槽线、45°斜坡线。

4.2.2 风管的四边内边长之和小于或等于 d_1 时，可用一块板材制成。一端的彩钢板面与保温层齐平，另一端彩钢板比保温层多预留板厚加 25mm 的搭边，

其中 b＝板厚，$a＝2b$。如图 3-2 所示。

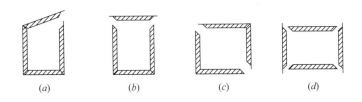

(a)　　　　　(b)　　　　　(c)　　　　　(d)

图 3-1　矩形直风管的放样组合图

(a) 一片法；(b) 二片法；(c) 二片法；(d) 四片法

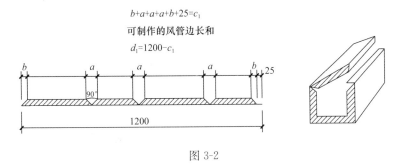

图 3-2

4.2.3　风管三边内边长之和小于或等于 d_2 时，可用一块板制成三面，另加一块封板，封板两端彩钢板比保温层多预留板厚加 25mm 长的搭边，其中 b＝板厚，$a＝2b$。如图 3-3 所示。

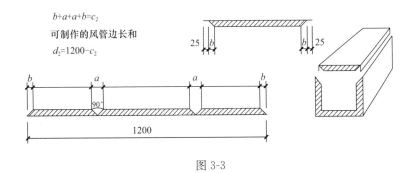

图 3-3

4.2.4　风管两边内边长之和小于或等于 d_3 时，可用两块板制成。每块板的一端多预留板厚加 25mm 的搭边，其中 b＝板厚，$a＝2b$。如图 3-4 所示。

4.2.5　风管两边内边长之和大于 d_3 且小于 d_4 时，可用一块板制成一面。彩钢板搭边可以在相对两块板两端上预留。如图 3-5 所示。

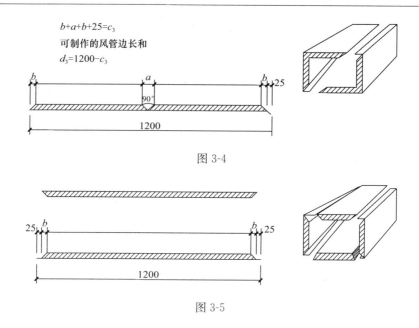

图 3-4

图 3-5

4.2.6 单面宽度大于 d_4 时，用彩钢板的宽度做风管长度，长度可根据风管周长定尺供货。$d_4=1200-2b-50\text{mm}$，其中 $b=$板厚。

4.2.7 部件放样制作：

1 彩钢复合风管矩形弯管的放样制作

矩形弯管有内外同心弧、内弧外直、内斜外直及内外斜线弯管几种。矩形风管宜采用内外弧型弯管。

矩形弯管由侧板、外弧板、内弧板组成。先按设计要求，在板材上放出侧板，然后测量侧板弯曲边的长度，按侧板弯曲边长度，放内外弧板长方形样。画出切断线、45°斜坡线、压弯区线。如图 3-6 所示。

2 彩钢复合风管矩形变径管的放样制作

变径管是用来连接两个不同口径或位置的矩形风管。矩形风管的变径管，有正心和偏心两种。其中偏心形式较多，它根据施工现场的具体情况而定，还有两侧平直的偏心变径管，上、下口扭转不同角度偏心且不平等的变径管及上口矩形、下口梯形且两口不平行的变径管等。

矩形变径管由侧板、底板、盖板组成。先按设计要求，在板材上对侧板放样，然后测量侧板变径边长度，按测量长度对底板、盖板放样。画出切断线、45°斜坡线、压弯处线或 V 形槽线。如图 3-7 所示。

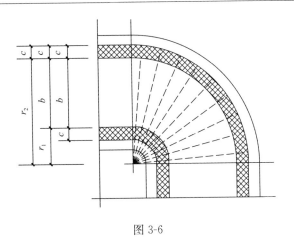

图 3-6

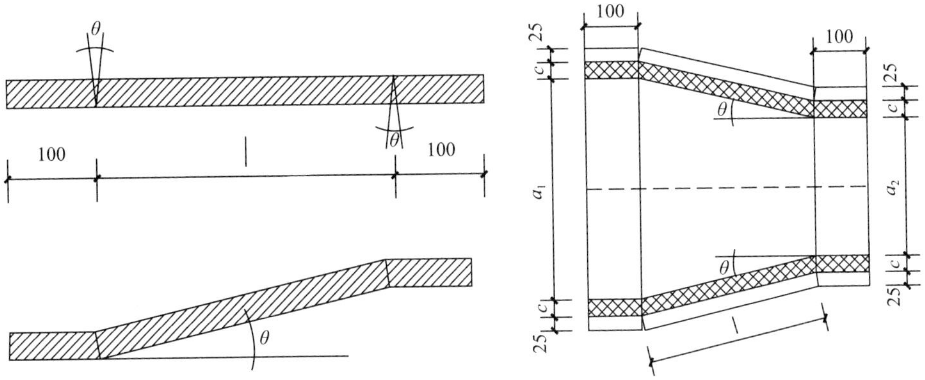

图 3-7

3　彩钢复合风管矩形分叉管的放样制作

首先对分叉管上下盖板放样，测量上下盖板弯曲边的长度。

按测量长度，放侧板长方形样，画出切断线、45°斜坡线、压弯处线或 V 形槽线。如图 3-8 所示。

4.3　风管切割压弯

4.3.1　平直板面切割

按切边要求选择左 45°单刀刨或右 45°单刀刨。将板材放置在工作台上，方铝合金靠尺平行固定在恰当位置。手持刀具，将刀具基准边靠紧方铝合金靠尺，刨面压紧板材，刀具基准线对准放样线，向前推或向后拉刀具，直刀刨将板材切

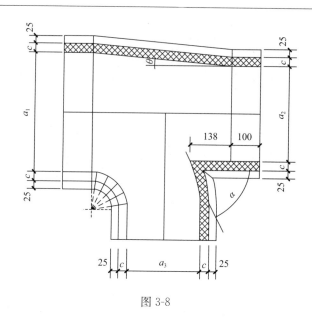

图 3-8

断；单刀刨将板材破口切边。角度切割时，要求工具的刀片安装时向左或向右倾斜 45°，以便切出的"V"形槽口成 90°，便于折成直角。切割时刀具要紧贴靠尺以保证切口平直并防止切割尺寸误差。板材切断成单块风管板后，将风管板编号，以防不同风管的风管板搞错。

4.3.2 弯曲板面切割折线

对于弯曲面的板材，将切割下料后的板材用压弯机在压弯区内压弯。扎压风管曲面时，扎压折线间距一般在 30～70cm 之间。内弧半径小于 150mm 时，扎压折线间距为 30mm；内弧半径在 150～300mm 时，扎压折线间距为 35～50mm；内弧半径大于 300mm 时，扎压折线间距为 50～70mm。扎压深度不宜超过 5mm。板材压弯利用折弯机在所需的压弯处扎压，使板材出现"V"形凹槽。板材弯曲成形后，它与主板的接缝要尽可能紧密，这样便于风管的粘接成形，且粘接牢固。

4.3.3 板材拼接

风管板材的拼接用如图 3-9 所示，采用 45°角粘接或"H"形加固条拼接，风管边长不应大于 1600mm，切割面一定要平直，采用"H"形铝合金加固条在 90°角槽口处拼接，要注意采取保温措施。风管纵向方向只允许有一条拼缝。

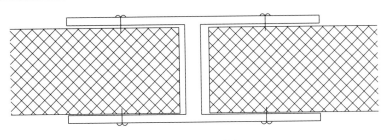

图 3-9　板材拼接

4.4　风管法兰制作

4.4.1　法兰选型

法兰类型可分为保温型与非保温型，送排风、排烟系统可选用非保温型法兰，排烟系统法兰耐高温等级不低于风管本体；环控系统选用保温型法兰，可以选用铝合金与 PVC 混合型，或全 PVC 型，但必须达到难燃 B1 级以上。

根据法兰样式可分为 H 型、F 型、U 型。

风管与风管直线段连接一般选用 U 型法兰。当风管大于 2000mm，或高压系统选用 H 型法兰连接。风管与阀门部件连接选用 F 型法兰。主管与支管选用 F 型法兰。

风管与风管、阀部件、设备连接的基本形式如表 3-1 所示。

风管与风管、阀部件、设备连接的基本形式　　　　　表 3-1

连接方式	附件材料		适用范围
	保温型	非保温型	
"U" 形插件连接	PVC、铝合金混合型	铝合金	低压风管 $b\leqslant2000$mm 中、高压风管 $b\leqslant1600$mm
"H" 形插件连接	PVC、铝合金混合型	铝合金	低压风管 $b\leqslant2000$mm 中、高压风管 $b\leqslant1600$mm
	PVC、铝合金混合型	铝合金	$b\leqslant3000$mm
"F" 连接法兰	PVC、铝合金混合型	铝合金	用于风管与阀部件、设备连接

注：1. 在选用 PVC 及铝合金成形连接件时，应注意连接件壁厚，插接法兰件的壁厚应大于或等于 1.5mm。风管管板与法兰（或其他连接件）采用插接连接时，管板厚度与法兰（或其他连接件）槽宽度应有 0.1～0.5mm 的过盈量，插接面应涂满胶粘剂。法兰四角接头处应平整，不平度应小于或等于 1.5mm，接头处的内边应填密封胶。低压风管边长大于 2000mm、中高压风管边长大于 1500mm 时，风管法兰应采用铝合金材料。

　　　2. b 为内边长。

4.4.2 法兰下料

根据法兰组对的不同可以分为四角 45°对角拼接连接。四角不直接连接，加装法兰补偿角拼接的连接形式。

根据风管的设计尺寸，如设计尺寸风管规格为 500mm×320mm。长边 500mm、短边 320mm，加装法兰补偿角拼接形式下料，如图 3-10 所示。

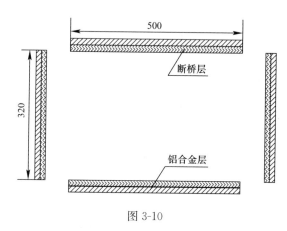

图 3-10

根据风管的设计尺寸，如设计尺寸风管规格为 500mm×320mm。长边 500mm、短边 320mm，45°对角拼接连接形式下料如图 3-11 所示。

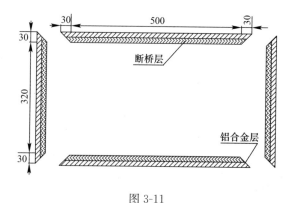

图 3-11

4.4.3 法兰组装

法兰四角安装固定镀锌补偿角固定法兰，法兰组对后应不变形，对角线误差不超过 3mm，具有互换性。

法兰安装时应在与风管接触面涂抹胶水粘接，同时在风管外侧用闭式抽芯铆钉固定，间距符合《通风与空调工程施工质量验收规范》GB 50243—2016；《通风与空调工程施工规范》GB 50738—2011 规范要求。

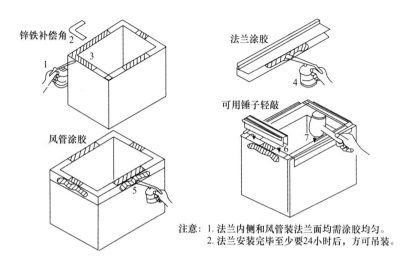

锌铁补偿角

法兰涂胶

可用锤子轻敲

风管涂胶

注意：1. 法兰内侧和风管装法兰面均需涂胶均匀。
　　　2. 法兰安装完毕至少要24小时后，方可吊装。

图 3-12　法兰安装步骤

4.5　风管组合

4.5.1　风管拼接

1　按风管制作任务单检查风管板材规格是否符合设计要求。

2　清洁板材切割面的粉末，清除油渍、水渍、灰尘。用毛刷在切割面上涂刷胶粘剂。胶粘剂的干燥时间受施工环境温度影响，一般在 15～25℃ 的环境温度下施工，涂刷胶粘剂后的等待时间在 3～5min 之间，待涂胶不粘手时，将风管面板按设计要求粘合，并用刮板压平。对难以刮平的部分，可用木槌轻轻锤平。

3　在制作成型后，所有彩钢复合风管转角包边位置必须用拉铆钉铆紧，矩形直风管铆钉间距为不大于 150mm，其他不规则的矩形风管铆钉间距为 30～80mm，风管连接法兰处用拉铆钉铆紧，连接法兰处铆钉间距按照风管系统风压等级确定，应满足规范规定要求。

4　清洁待施胶的风管内四角边，用密封胶枪在风管角边均匀施胶，密封胶涂抹后，压实，用钢尺和角尺检查风管的平整度和直角偏差。

4.5.2　风管加固与导流片安装

1　当风管边长大于 400mm 时，组合成风管的四个角已不能满足其刚度要求，在外力作用下很容易变形，应在法兰四角部放入不小于0.75mm以上厚度的镀锌板直角，安装在法兰四角位置，加强风管刚度。直角垫片的宽度应与风管板材厚度相等（公差应为负差），边长不得小于60mm。

2 风管加固必须符合风管内正静压力或负静压力的要求，点加固数量及间距根据风管截面、风管工作压力不同而确定。

4.5.3 导流片安装

导流叶片设置在矩形弯管内，导流片的弧度应与弯管的角度相一致。当导流叶片的长度超过1250mm时，应有加强措施。矩形内外同心弧、内弧外直、内斜外直及内外斜线弯管边长大于500mm，弯管应按图3-13选用弧形或双弧形导流片形式。图中 a 标示为叶片间距，导流叶片的材质应采用≥0.5mm彩钢。

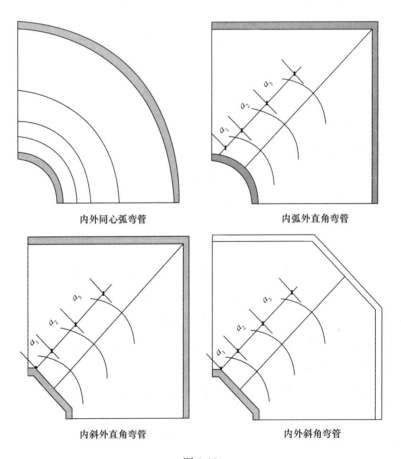

内外同心弧弯管　　　　　　　　内弧外直角弯管

内斜外直角弯管　　　　　　　　内外斜角弯管

图 3-13

4.6　支吊架制作与安装

4.6.1　风管支、吊架的固定件、吊杆、横担和所有配件材料的使用，应符合其载荷额定值和使用参数的要求。

4.6.2　风管支、吊架制作应符合以下规定：

1　支、吊架的形式和规格应根据建筑结构和固定位置确定，并应符合设计和本规程要求；

2　支、吊架的制作宜采用机械加工，应对切割口进行打磨处理；不得采用电气焊开孔或扩孔；

3　吊杆应平直，螺纹应完整、光洁，螺母与吊杆丝扣应咬合紧密；

4　水平风管在最大允许安装间距下，吊架型钢的最小规格应符合规定；

5　支、吊架的预埋件应位置正确、牢固可靠，埋入部分应除锈、除油污，并不得涂漆；支、吊架外露部分须作防腐处理。

4.6.3　支、吊架安装应符合以下规定：

1　边长大于 200mm 的风阀等部件与风管连接时，应单独设置支吊架；

2　支、吊架宜靠近于法兰位置，吊杆与风管立面的间隙不宜大于 150mm；

3　支、吊架不应设置在风口处或阀门、检查门和自控机构的操作部位，距离风口或插接管不宜小于 200mm；

4　支、吊架距风管末端不应大于 600mm，距水平弯头的起弯点间距不应大于 500mm，设置在支管上的支、吊架距干管的间距不应大于 600mm；

5　长度超过 20m 的水平悬吊风管，应至少设置 1 个防晃支架。

4.7　风管安装

4.7.1　风管安装前，应先对其安装部位进行测量放线，确定管道中心线位置。

4.7.2　风管制作完毕后，按编号进行排列，风管系统的各部分尺寸和角度确认无误后，开始组对。

4.7.3　风管与风管间连接采用专用法兰、插条等进行连接，连接形式如下：

风管与风管连接需要 90°加固角、平面接口法兰和密封填料，详见图 3-14；

风管与风管连接采用 C 型插接法兰、F 型螺栓连接法兰或工字型插接法兰，插条应长边压短边；法兰接触面必须加装垫料密封，不能用涂胶水粘接；连接形式见表 3-2。

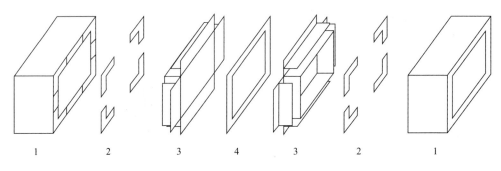

图 3-14　风管连接形式

风管连接形式 表 3-2

序号	风管连接形式	图示	法兰材料
1	C 型插接法兰	C型卡条连接　槽型卡式法兰　密封胶抹缝儿　抽芯铆钉M4×13　双面彩钢板复合风管　密封胶条	PVC 或铝合金
2	F 型螺栓连接法兰	螺栓不小于M6　密封胶条　法兰与分管间粘合剂　F型连接法兰　双面彩钢板复合风管　自攻螺钉M4×10	PVC 或铝合金
3	工字型插接法兰	法兰与风管间粘合剂　工字插条　密封胶条　双面彩钢板复合风管　自攻螺钉M4×10	PVC 或铝合金

4.7.4 主风管与支风管的连接采用以下方式：

主风管上直接开口连接支风管可采用 90°连接件或其他专用连接件，连接件四角处应涂抹密封胶；当支管边长不大于 500mm，也可采用切 45°坡口直接连接，如图 3-15。

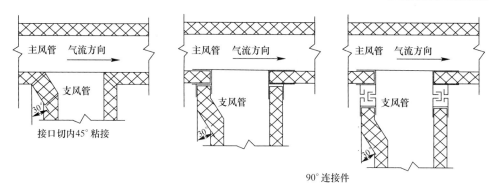

图 3-15 主风管与支风管的连接

4.7.5 风管与风量调节阀和防火阀等带法兰的阀部件连接时，宜根据实际位置大小采用强度符合要求的 F 型或 H 型专用连接件；专用连接件为 PVC 或铝合金材料制成，法兰与风管连接前法兰和阀部件要钻出符合规格的螺栓孔，螺栓孔的间距应不大于 100mm，法兰四角应设螺栓孔，F 型法兰构造如图 3-16 所示；风管与阀部件的连接也可以采用插接方式。

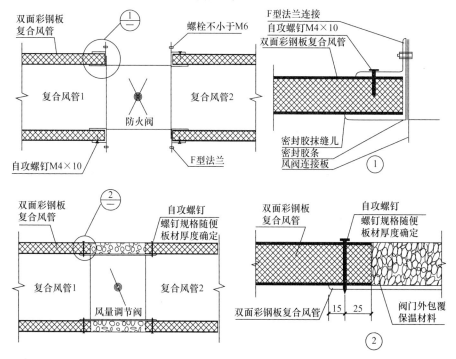

图 3-16

4.7.6 风管与风口连接采用 H 或 F 型法兰，连接方式分为直接连接、短管连接和软连接三种，见图 3-17～图 3-19；风口与风管的连接应严密、牢固，与装饰面紧贴；表面平整、不变形，调节灵活、可靠。

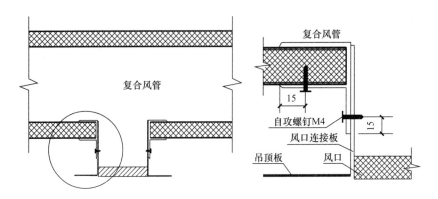

图 3-17　风管与风口直接连接

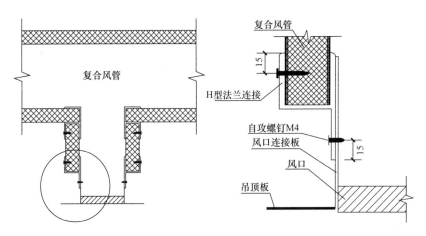

图 3-18　风管与风口短管连接

4.7.7 风管与减振器、风量调节阀、消音器等部件连接常采用 U 形法兰，U 形法兰的构造见图 3-20。

4.7.8 风管及部件连接所采用的密封材料应符合以下要求：

1 风管连接的密封材料应满足系统功能技术条件、对风管的材质无不良影响，并具有良好的气密性。

2 当设计无要求时，法兰垫料可按下列规定使用：

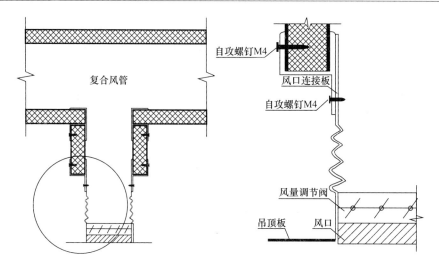

图 3-19　风管与风口软连接

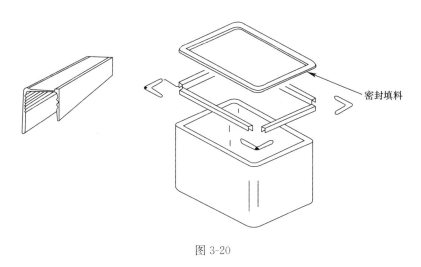

图 3-20

输送温度低于 70℃ 的空气，可用橡胶板、闭孔海绵橡胶板、密封胶带或其他闭孔弹性材料；防排烟系统或输送温度高于 70℃ 的空气或烟气，应采用耐热橡胶板或不燃的耐温、防火材料；法兰垫料厚度宜为 3~5mm，用在洁净空调系统的厚度宜为 5~8mm。

3　法兰之间的密封垫料应保证连续不间断，减少拼接，接头连接应采用梯形或榫形方式，全部在预留槽内敷设，密封垫料不应凸入风管内或脱落。

4.7.9 风管水平安装应符合以下要求：

1 风管水平连接时，应先将风管管段逐节临时固定在支吊架上，然后调整高度，达到要求后再进行组合连接；

2 风管水平连接时，也可将水平风管放在设置的临时支撑架上逐节连接，组对成一个吊装单元后再整体吊装；

3 风管水平安装时直管段长度每达到 30m 时，应设置伸缩节；

4 水平风管的吊装宜采用液压安装平台或电动、手动葫芦进行。

4.7.10 风管垂直安装应符合以下要求：

1 采取自下而上逐节安装、逐节连接、逐段固定的方法；

2 风管垂直安装时，每层安装风管的固定支架，固定支架与混凝土接触面应垫 20mm 橡胶；

3 风管垂直安装要注意与水平风管对接处，需在安装水平风管时预留出1～1.5m 的水平安装距离，将风管预组装至一定长度，采用电动葫芦提升至安装高度，操作人员在升降平台上紧固支架螺栓将风管固定。

4.7.11 风管与风机、风机箱、空气处理机等设备相连处应设置柔性短管，其长度为 150～300mm 或按设计规定。柔性短管不应作为找正、找平的异径连接管。风管穿越结构变形缝处应设置的柔性短管，其长度应大于变形缝宽度 100mm 以上。

4.7.12 风管穿过防火、防爆的楼板或墙体时，应设置壁厚不小于 1.6mm 的钢制预埋管或防护套管，风管与防护套管之间应采用不燃且对人体无害的柔性材料封堵。

4.7.13 风管安装偏差应符合以下规定：

1 明装水平风管水平度偏差不得大于 3mm/m，总偏差不得大于 20mm；

2 明装垂直风管垂直度偏差不得大于 2mm/m，总偏差不得大于 20mm；

3 暗装风管位置应正确，无明显偏差。

4.7.14 风管系统安装完毕后，应按分项工程质量检验程序和要求进行质量检查验收。

5 质量标准

5.1 主控项目

5.1.1 风管安装必须符合下列规定：

1 风管和空气处理室内部，严禁其他管线穿越；

2 现场风管接口的配置，不得缩小其有效截面；

3 输送含有易燃、易爆气体和安装在易燃、易爆环境的风管系统应有良好的接地，通过生活区或其他辅助生产房间必须严密，并不得设置接口；

4 风管穿出屋面外应有防雨装置。室外立管的拉索严禁拉在避雷针或避雷网上。

5.1.2 风管及部件安装完毕后，应按系统类别进行严密性检验，漏风量应符合设计与《通风与空调工程施工质量验收规范》GB 50243 规范规定。风管系统严密性检验的施行，应符合《通风与空调工程施工质量验收规范》GB 50243 规范规定。

1 低压系统风管的严密性检验宜采用抽检，抽检率为 5%，且不得少于一个系统。在加工工艺得到保证的前提下，采用漏光法检测。检测不合格时，应按规定的抽检率，作漏风量测试。

2 中压系统风管的严密性检验，应在严格的漏光法检测合格条件下，对系统风管漏风量进行抽检，抽检率为 20%，且不得少于一个系统。

3 高压系统风管的严密性检验，为全数进行漏风量测试。

4 系统风管严密性检验的被抽检系统，应全数合格，可视为通过。如有不合格时，则应再加倍抽检，直至全数合格。

5.2　一般规定

5.2.1 风管系统安装应符合下列规定：

1 风管安装前，应清除内外杂物做好清洁及保护工作。

2 风管安装的位置、标高、走向，应符合设计要求。

3 连接法兰的螺栓应均匀拧紧，其螺母宜在同一侧。

4 风管连接的接口处应严密、牢固。风管法兰垫片的材质应符合系统功能的要求，厚度不小于 3mm。垫片不允许漏垫与凸入管内，亦不宜突出法兰面。

5 风管连接应平直、不扭曲。明装风管水平安装，水平度的偏差，不应大于 3mm/m，总偏差不应大于 20mm。明装风管垂直安装，垂直度的偏差，不应大于 2mm/m，总偏差不应大于 20mm。暗装风管位置应正确，无明显偏差。

6 安装的柔性短管应松紧适度，无明显扭曲。

7 可伸缩性金属或非金属软风管的长度不宜超过 2m，并不应有死弯或塌凹。

8 风管与砖、混凝土风道的接口应顺气流方向，并应采取密封措施。

9 无法兰连接风管的连接处，应完整无缺损、表面应平整。承插风管四周缝隙应一致，无明显的弯曲或折皱，外粘的密封带或胶应贴紧、粘牢。薄钢板法兰连接风管的弹簧夹或紧固夹的间隔不应大于 150mm，且分布均匀，无自由松动现象。

5.2.2 风管支、吊架应符合下列规定：

1 风管水平安装，直径或长边尺寸小于等于 400mm，间距不应大于 4m；大于 400mm，间距不应大于 3m；

2 风管垂直安装，间距不应大于 4m，单段直管至少应有二个固定点；

3 风管支、吊架应按国标图集选用，确保有足够的强度和刚度。对于直径或边成大于 2500mm 的超宽、越重等特殊风管支、吊架应符合设计的规定；

4 支、吊架不宜设置在风口、阀门、检查门及自控机构处，离风口或插接管的距离不宜小于 200mm；

5 水平悬吊的主干风管长度超过 20m 时应设置防止摆动的固定点，每个系统不少于 1 个；

6 吊架的螺孔应采用机械加工。吊杆应平直，螺纹完整、光洁。安装后各副支、吊的受力应均匀，无明显变形。

5.2.3 风管的连接和加固等处应有防止产生冷桥的措施。

6 成品保护

6.0.1 安装完的风管不得踩踏、碰撞，以确保风管及保温层的完好。

6.0.2 严禁已安装完的风管作为支、吊、托架，不允许将其他支、吊架焊在或挂在风管法兰和风管支、吊架上。

6.0.3 阀门、风口等部件出库后应妥善保管，防止风口受挤压变形或表面划伤。

7 注意事项

7.1 应注意的质量问题

7.1.1 应注意的质量问题见表 3-3。

风管及部件安装易产生质量问题及防治措施　　表 3-3

序号	常产生的质量问题	防治措施
1	风管安装不顺直，扭曲	安装前应检查风管两边法兰平行度、法兰与轴线垂直度；上螺栓时四边应用力均匀
2	风管安装高低不平	支、吊架安装时应用水平找平；调整支、吊架标高，增加支架；支架标高应考虑风管变径影响
3	风管安装后，易左右摆动，不稳定	增设防晃支架
4	吊杆不直、倾斜，抱箍不紧，托架不平	加强支架下料钻孔质量控制；下料后应进行调直，支架安装后找平找正
5	支、吊架装在法兰、阀门、风管风量测定孔处	安装前认真核对支、吊架与法兰、阀门之间的相对距离
6	风口与风管连接不严	涂密封胶或缠密封胶带；支管尺寸应与风口相配
7	法兰垫料突出法兰外或伸进管内，垫料接头处有空隙	尽量减少垫料接头；垫料长度、宽度应按法兰尺寸剪切。洁净系统应采用榫形接头连接

7.2　应注意的安全问题

7.2.1　安装施工必须戴好安全帽，高处作业应系好安全带，严禁穿硬底鞋。

7.2.2　手持电动工具应有漏电保护装置。

7.2.3　吊装前应检查滑轮、绳索、桅杆、倒链等吊装工具和设备状况与负载能力。

7.2.4　用倒链吊装风管时，要将倒链绑牢在固定的结构上，不得松动。

7.2.5　风管吊装时，严禁人员站在被吊风管下方，风管上严禁站人。

7.2.6　使用梯子时，梯子结构应牢固，梯子与地面夹角以 60°左右为宜，梯子上端要扎牢，下端采取防滑措施。

7.2.7　施工现场孔洞应加盖板，以防坠人坠物事故发生。

7.2.8　较长风管起吊时，起吊速度应同步进行，首尾呼应，防止由于一头过高，中段风管法兰受力大而造成风管变形。

7.2.9　在斜坡、屋面上安装风管、风帽时，应挂好安全带，并用可靠索具将风管绑好，待安装完毕后，再拆除索具，以免掉下伤人。

8　质量记录

8.0.1　酚醛彩钢板风管进货验收记录。

8.0.2　酚醛复合风管安装检验批质量验收记录。

第4章 玻镁复合风管制作安装

本工艺标准适用一般的民用建筑玻镁复合风管制作安装工程。

1 引用标准

《通风与空调工程施工质量验收规范》GB 50243—2016

《通风与空调工程施工规范》GB 50738—2011

2 术语（略）

3 施工准备

3.1 材料及机具准备

3.1.1 根据施工预算中的工料分析，编制工程所需材料用量计划，做好备料、供料和确定仓库、堆场面积及组织运输的依据。

3.1.2 设备加工订货准备：根据施工进度计划及施工预算提供的各种设备数量，并编制相应的需求量计划。

3.1.3 根据工序要求以及施工进度安排，编制施工机具需求量计划并确定进场时间。

3.1.4 对专用工具进行进场前的检查验收，确保进场施工机具性能满足使用要求。

3.2 作业条件准备

3.2.1 施工场地临时用电、临时照明条件具备。

3.2.2 认真组织现场测量，确保定位准确，加工尺寸无误。

3.2.3 制定材料运输路线、时间、数量，保证施工的正常进行。

4 操作工艺

4.1 工艺流程

现场测量放线 → 风管制作 → 风管安装 → 安装就位找平找正 → 系统检测

4.2　现场测量放线

4.2.1　根据设计图纸并参照土建基准线找出风管安装标高。矩形风管标高从管底算起，而圆形风管是从风管中心算起。

4.2.2　确定风管主、支管安装平面位置，可在建筑物顶部用墨线划出风管主、支管安装中心轴线。

4.3　风管制作

4.3.1　放样：矩形直风管放样。一般复合板材供货板宽为 1200mm，长度为 4m，根据风管边长尺寸及板材宽度，矩形直风管的放样采用如图 4-1 所示的组合方法。A 和 B 随板材厚度而变化，（$B = 2A$）使用不同组合方法放样尺寸不一样，按风管制作任务单规定的组合方式计算放样尺寸。按计算的放样尺寸用钢直尺或钢卷尺在板材上丈量，用方铝合金靠尺和画笔在板材上画出板材切断、V形槽线、45°斜坡线。

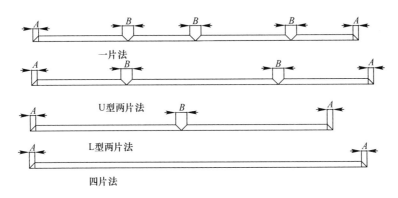

图 4-1　矩形风管放样图

4.3.2　T 形矩形风管放样。T 形矩形风管由两根矩形直管组成。按矩形直风管放样的方法，分别放样。主管在设计位量开孔，开孔尺寸为对应支管边长。用钢尺丈量，用画笔和方铝合金靠尺划出切断线、V 形槽线、45°斜坡线，如图 4-2 所示。

4.3.3　矩形弯管的放样（弯头，S 形弯管）。矩形弯管一般由四块板组成。先按设计要求，在板材上放出侧样板，然后测量侧板弯曲边的长度，按侧板弯曲边长度，放内外弧板长方形样。画出切断线、45°斜坡线、压弯区线，如图 4-3 所示。

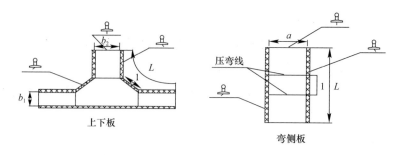

图 4-2　T 型矩形风管放样图

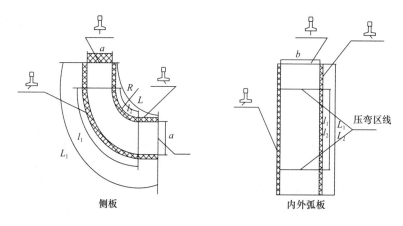

图 4-3　矩形弯管放样图

4.3.4　矩形变径管的放样（靴形管）。矩形变径管一般由四块板组成。先按设计要求，在板材上对侧板放样，然后测量侧板变径边长度，按测量长度对上板放样。画出切断线、45°斜坡线、压弯处线或 V 形槽线，如图 4-4 所示。

4.3.5　矩形分叉管的放样。分叉管种类很多。现按 r 形分叉管说明放样方法。首先对风管上下盖板放样，放样见下图。测量内弧管板长度，并放样，再测量外弧管板长度并放样。画出切断线、45°斜坡线，如图 4-5 所示。

4.3.6　切割、压弯：检查风管板材放样是否符合风管制作任务单的要求，划线是否正确，板材有否损坏。检查刀具刀片安装是否牢固。检查刀片伸出高度是否符合要求。直刀刨刀片伸出高度应能切断板材，不伤桌面地毯；单刀刨刀片和双刀刨刀片伸出高度应能切断上层铝箔和芯材，不伤下层铝箔。双刀刨两刀间距约 2mm。按切边要求选择左 45°单刀刨或右 45°单刀刨。将板材放置在工作台

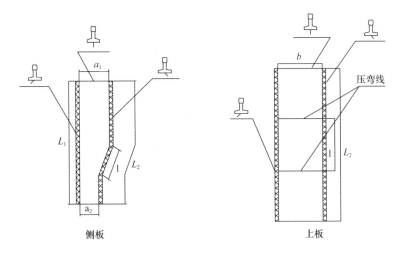

图 4-4　矩形变径管放样图

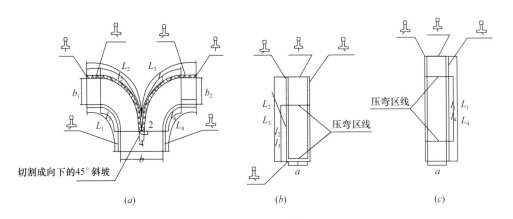

图 4-5　矩形分叉管放样图

（a）上下盖板；（b）内弧风管板；（c）外弧风管板

注：L_1、L_3——内弧板压折长度；L_2、L_4——外弧板压折长度；图上小钉代表刨刀。

上，方铝合金靠尺平行固定在恰当位置。手持刀具，将刀具基准边靠紧方铝合金靠尺，刨面压紧板材，刀具基准线对准放样线，向前推或向后拉刀具，直刀刨将板材切断；单刀刨将板材切边；双刀刨将板材开槽。角度切割时，要求工具的刀片安装时向左或向右倾斜 45°，以便切出的"V"形槽口成 90°，便于折成直角。切割时刀具要紧贴靠尺以保证切口平直并防止切割尺寸误差。板材切断成单块风管板后，将风管板编号，以防不同风管的风管板搞错。

4.3.7　对于弯曲面的板材，将切割下料后的板材用压弯机在压弯区内压弯。

扎压风管曲面时，扎压间距一般在 30～70cm 之间。内弧半径小于 150mm 时，扎压间距为 30mm；内弧半径在 150～300mm 时，扎压间距为 35～50mm；内弧半径大于 300mm 时，扎压间距为 50～70mm。扎压深度不宜超过 5mm。板材压弯利用折弯机在所需的压弯处扎压，使板材出现"V"形凹槽。板材弯曲成形后，它与主板的接缝要尽可能紧密，这样便于风管的粘接成形，且粘接牢固。

4.3.8 成形：按风管制作任务单检查风管面板是否符合设计要求。清洁板材切割面的粉末，清除油渍、水渍、灰尘。用毛刷在切割面上涂刷胶粘剂。待涂胶不粘手时，将风管面板按设计要求粘合，并用刮板压平。对难以刮平的部分，可用木槌轻轻锤平。检查板材接缝粘接是否达到质量标准。清洁板材需粘接压敏铝箔胶带的表面。在板材接缝处从一端至另一端按对中位置粘上压敏铝箔胶带。压敏铝箔胶带粘在一边的宽度不小于 20mm。用塑料刮板，刮平胶带，使胶带粘接牢固。清洁待施胶的风管内四角边。用密封胶枪在风管角边均匀施胶。密封胶封堵后，压实。用钢尺和角尺检查粘接成形的风管质量。

4.3.9 加固：风管的加固有两种方法。一种是角加固，一种是平面加固。风管边长＞400mm 时采用平面加固；250≤边长≤400mm 时采用角加固。

4.3.10 平面加固是将加固支撑按需加强风管的边长用砂轮切割机下料，切断 DN15 镀锌管。在镀锌管两端，各放入 60mm 长圆木条。用夹钳将圆木条固定在镀锌管两端。按设计要求用钢尺在风管面确定加强点。加固方法见图 4-6。边长≥2000mm 需增加外加固，外加固采用∠30×3 以上角钢制作成抱箍状，箍紧风管。

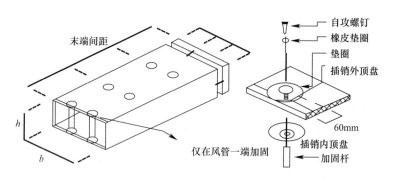

图 4-6 平面加固示意图

4.3.11 风管角加固是在风管四角粘贴厚度 0.75mm 以上的镀锌直角垫片，直角垫片的宽度与风管板材厚度相等，边长不小于 55mm。

4.4 风管安装

4.4.1 玻镁复合复合板风管管段连接,以及风管与阀部件、设备连接的基本形式如表4-1所示。

风管与阀部件、设备连接的基本形式　　　　　　　　表 4-1

连接方式		附件材料	适用范围
45°角粘接	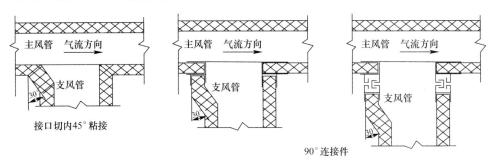	铝箔胶带	$b \leqslant 500mm$
槽形插件连接		PVC	低压风管 $b \leqslant 2000mm$ 中、高压风管 $b \leqslant 1600mm$
工形插件连接		PVC	低压风管 $b \leqslant 2000mm$ 中、高压风管 $b \leqslant 1600mm$
		铝合金	$b \leqslant 3000mm$
"H"连接法兰		PVC、铝合金	用于风管与阀部件、设备连接

注:1. 在选用PVC及铝合金成形连接件时,应注意连接件壁厚,插接法兰的壁厚应大于或等于1.5mm。风管管板与法兰(或其他连接件)采用插接连接时,管板厚度与法兰(或其他连接件)槽宽度应有0.1~0.5mm的过盈量,插件面应涂满胶粘剂。法兰四角接头处应平整,不平度应小于或等于1.5mm,接头处的内边应填密封胶。低压风管边长大于2000mm、中高压风管边长大于1500mm时,风管法兰应采用铝合金材料。

　　2. b 为内边长。

4.4.2 主风管与支风管的连接主风管上直接开口连接支风管可采用90°连接件或其他专用连接件,连接件四角处应涂抹密封胶。当支管边长不大于500mm,也可采用切45°坡口直接连接。如图4-7。

接口切内45°粘接　　　　　　　90°连接件

图 4-7 主风管与支风管的连接

4.4.3 风管吊装：安装前依施工图的要求，确定风管走向、标高；检查风管按分段尺寸制作成形后，要按系统编号并标记，以便安装；风管的尺寸，法兰安装是否正确；风管及法兰制作允许偏差是否符合规定；风管安装前应清除其内、外表面粉尘及管内杂物。

4.4.4 按设计要求在风管承重材料上钻膨胀套孔。用全丝螺丝制作吊杆。吊杆按吊装高度要求，用砂轮切割机下料，安装吊杆。按设计要求对横担下料、钻孔，并做好防腐处理。吊装风管，在风管下安装横担和防震垫，用平垫、弹垫、螺母固定横担。按设计要求安装连接风管、通风系统部件。对金属法兰和金属通风部件做绝热处理。

4.4.5 风管修复风管在搬运、安装过程受到偶然的碰撞会引起损坏。根据风管损坏程度有不同的修复方法。风管表面铝箔凹痕和刮痕，可以通过表面修平或重新粘贴新的铝箔胶带修复；风管壁产生孔洞比较大时，将孔洞45°切割方块后，再按相等的方块封堵，粘接缝粘贴铝箔胶带；风管壁产生小孔洞可用玻璃胶封堵，再粘贴铝箔胶带；法兰处断裂时，距法兰处300mm切割下来，增补一节短管。

4.5 风管就位，找平、找正

4.5.1 风管吊装前应对连接好的风管平直度及支管、阀门、风口等的相对位置进行复查，并应进一步检查支、吊架的位置、标高、强度，确认无误后按照先干管后支管、先水平后垂直的顺序进行安装。

4.5.2 空气净化空调系统风管、静压箱及其他部件，在安装前内壁擦拭干净，做到无油污和浮尘，当施工完毕或停顿时，应封好端口。

4.5.3 整体吊装

1 吊点设置可根据风管壁厚、连接方式、风管截面形状综合考虑。吊点间距宜为5～7m。无法兰连接、薄壁、矩形风管的吊点应适当缩短。吊点应设在梁、柱等坚固的结构上，对于无合适锚点的情况，应专门设立桅杆。

2 风管绑扎应牢固可靠，矩形风管四角应加垫护角或质地较软的材料。圆形风管绑扎不宜选在法兰处。

3 吊装时，应慢慢拉紧系重绳索，并检查各锚点及绳索的受力情况、风管平衡情况等确认无误后起吊。风管吊起100～200mm时应停止起吊，再次检查倒链、滑轮、绳索及受力点。

4　风管整体吊装宜选用多吊点吊装，吊装过程中每吊一定高度应进行一次平衡，以免使风管断裂。风管吊装就位后，应先用吊架固定，确认风管稳固好后才可以解去吊具，最后找平找正。

5　垂直风管管体吊装，不宜多设吊点，吊装前宜将风管进行临时加固，在风管中段设吊点。起吊一定高度后，旋转风管成垂直状态。垂直风管吊装时，风管在空中要旋转，绑扎绳索应靠近法兰，以免绳扣滑移。室外安装风管时考虑风力对安装工作的影响。

4.6　系统检测

风管制作与风管系统安装完毕后，按分项工程质量检验程序和要求分别进行质量检查验收。风管耐压强度应符合《通风管道技术规程》JGJ/T 141—2017 附录 A《风管耐压强度及漏风量测试方法》的规定。

5　质量标准

5.1　主控项目

5.1.1　风管安装必须符合下列规定：

1　风管和空气处理室内部，严禁其他管线穿越；

2　现场风管接口的配置，不得缩小其有效截面；

3　输送含有易燃、易爆气体和安装在易燃、易爆环境的风管系统应有良好的接地，通过生活区或其他辅助生产房间必须严密，并不得设置接口；

4　风管穿出屋面外应有防雨装置。室外立管的拉索严禁拉在避雷针或避雷网上。

5.2　一般项目

5.2.1　制作风管时为保证风管制作后的强度，在下料时粘合处有一边要保留 20mm 铝箔做护边。

5.2.2　风管在粘合前需预组合，检查拼接缝处是否严密，尺寸是否符合要求。根据季节温度、湿度及胶粘剂的性能确定最佳粘合时间。粘接后，用角尺、钢卷尺检查垂直度及对角线偏差应符合规范规定。

5.2.3　粘接缝在粘接后应平整，不得有歪斜，错位、局部开裂，以及 2mm 以上的缝隙等缺陷。

5.2.4　选择胶水可选用高固含量，固化程度快，合适玻镁复合板的专用胶水。在选用溶剂型胶液时，一定要使溶剂挥发后，在进行风管拼接。

5.2.5 为防止风管内角缝处表面层剥落或接缝处产生泄漏现象，应用密封材料封堵四条内角缝。

5.2.6 无论何种连接方式，均应注意防止冷桥的出现。

5.2.7 风管安装前，要根据设计要求对拟安装的风管位置、标高、定位、防线及技术方案进行复核，在确定无误后再进行施工。风管经过建筑结构的预留孔洞位置应认真校核。

5.2.8 风管支吊架间距应符合规定。水平安装风管底边尺寸不大于1000mm时，支吊架间距不超过2m；水平安装风管底边尺寸大于1000mm时，支吊架间距不超过1.5m；水平安装风管底边尺寸大于1600mm时，支吊架间距不超过1m；垂直安装风管的支架间距不超过2.4m，每根立管的支架不少于2个；水平安装风管主、干管长度超过20m时，应设置不少于1个防晃支架。

5.2.9 与风管连接的风阀等部件，应单独设置支吊架。风管安装时应注意防护。风管穿过楼板或墙时，应设预埋管或防护套管，其钢板厚不小于0.75mm；穿过封闭的防火、防爆的墙体或楼板时，其预埋管或防护套管钢板厚不小于1.6mm；穿屋面时，应设防水套管。

5.2.10 风管明装后，土建如需涂饰，应要求土建施工方选用水溶性涂料。建议不采用溶剂型油漆。如必须采用溶剂型油漆，请注意通风，使溶剂尽快挥发。

5.2.11 风管的连接和加固等处应有防止产生冷桥的措施。

6 成品保护

6.0.1 安装完的风管不得踩踏、碰撞，以确保风管及保温层的完好。

6.0.2 严禁以安装完的风管作为支、吊、托架，不允许将其他支、吊架焊在或挂在风管法兰和风管支、吊架上。

6.0.3 阀门、风口等部件出库后应妥善保管，防止风口受挤压变形或表面划伤。

6.0.4 风管伸入结构风道时，其末端应安装上钢丝网，以防止系统运行时杂物进入金属风道内。

7　注意事项

7.1　应注意的质量问题

7.1.1　应注意的质量问题见表 4-2。

风管及部件安装易产生质量问题及防治措施　　　　　　　　表 4-2

序号	常产生的质量问题	防治措施
1	风管安装不顺直，扭曲	安装前应检查风管两边法兰平行度、法兰与轴线垂直度；上螺栓时四边应用力均匀
2	风管安装高低不平	支、吊架安装时应用水平找平；调整支、吊架标高，增加支架；支架标高应考虑风管变径影响
3	风管安装后，易左右摆动，不稳定	增设防晃支架
4	吊杆不直、倾斜，抱箍不紧，托架不平	合理下料钻孔；下料后应进行调直，支架安装后找平找直
5	支、吊架装在法兰、阀门、风管风量测定孔处	安装前认真核对支、吊架与法兰、阀门之间的相对距离
6	风口与风管连接不严	涂密封胶或缠密封胶带；支管尺寸应与风口相配
7	法兰垫料突出法兰外或伸进管内，垫料接头处有空隙	尽量减少垫料接头；垫料长度、宽度应按法兰尺寸剪切。洁净系统应采用榫形接头连接
8	法兰连接螺母位置不一致	按质量要求施工；法兰螺母应在同一侧

7.2　应注意的安全问题

7.2.1　施工现场应场地整洁，道路畅通，安全设施必须符合《安全生产管理办法》的规定。

7.2.2　安装施工必须戴好安全帽，高处作业应系好安全带，严禁穿硬底鞋。

7.2.3　手持电动工具应有漏电保护装置。

7.2.4　各种卡子及支架灌好砂浆，待其凝固结实后方可安装管道，不允许临时用绳索或铅丝绑扎。

7.2.5　吊装前应检查滑轮、绳索、桅杆、倒链等吊装工具和设备状况与负载能力。

7.2.6　用滑车或倒链吊装风管时，要将滑车或倒链绑牢在固定的结构上，不得松动。

7.2.7　风管吊装时，严禁人员站在被吊风管下方，风管上严禁站人。

7.2.8 使用梯子时，梯子结构应牢固，梯子与地面夹角以 60°左右为宜，梯子上端要扎牢，下端采取防滑措施。

7.2.9 施工现场孔洞应加盖板，以防坠人坠物事故发生。

7.2.10 较长风管起吊时，起吊速度应同步进行，首尾呼应，防止由于一头过高，中段风管法兰受力大而造成风管变形。

7.2.11 风管连接对准螺孔时要使用尖头冲定位，不许用手指摸索，以免扎伤手指。

7.2.12 在斜坡、屋面上安装风管、风帽时，应挂好安全带，并用可靠索具将风管绑好，待安装完毕后，再拆除索具，以免掉下伤人。

8　质量记录

8.0.1 原材料进场验收记录。

8.0.2 风管及配件制作检验批质量验收记录。

8.0.3 风管安装检验批质量验收记录。

第5章 装配式综合吊架安装

本工艺标准适用于民用建筑中走廊等管线密集的部位。

1 引用标准

《钢结构工程施工质量验收规范》GB 50205—2001
国家建筑标准设计图集《室内管道支架和吊架》03S402
国家建筑标准设计图集《风管支吊架》03K132
国家建筑标准设计图集《电缆桥架安装》04D701—3

2 术语

装配式综合吊架：在安装工程中，用预制的零部件在现场装配，将空调、消防、强电、弱电等各专业的支吊架综合在一起，统筹规划设计，整合成一个统一的支吊架系统。

3 施工准备

3.1 作业条件

3.1.1 建筑土建施工大部完成后，机电安装条件已经具备的情况下才能开始支吊架的安装。

3.1.2 施工前，施工员须对施工小组进行书面技术、安全交底。

3.1.3 施工人员应认真阅读产品说明书及装配图和其他有关技术文件。

3.2 材料及机具

3.2.1 槽钢、螺杆、连接件及管卡、弹簧螺母、六角螺栓（8.8级）、六角螺母、橡胶垫、槽钢封盖。

3.2.2 三相切割机、水平校准仪、扭力扳手及套筒配件、六角开口扳手（17、19）、皮锤、卷尺、手锯、卷尺、线坠、角尺。

3.2.3 对使用的材料、机具进行质量验收，合格后方可使用。

4　工艺流程

4.1　工艺流程

$$\boxed{标高的测定} \rightarrow \boxed{管线排布} \rightarrow \boxed{支架定位放线} \rightarrow \boxed{支架安装}$$

4.2　标高的测定

4.2.1　整个场地内的建筑物四周，统一测设±0.00水平线，以保证整个场区内各项工程标高的统一性。在建筑施工中，要根据统一的±0.00水平线，认真做好标高传递测量，以保证±0.00以下及以上各层标高和建筑物总高度的正确性。

4.3　管线排布

4.3.1　按施工图纸勘查现场后，需进行放线、定位的工作。同时标记出管道、桥架、风管等吊挂物需要爬坡及转弯处的位置，留出支吊架安装的空间。

4.3.2　多种吊挂物综合在一起时，要按照大让小，有压让无压，冷水让热水的原则。

4.3.3　支吊架安装时，应严格按照图纸要求的安装间距、安装方式、固定支架设置进行安装。

4.3.4　凡遇到管道拐弯、爬坡及管道阀门等重量增加的情况，需根据现场实际位置增加支吊架的数量。

4.4　支架定位放线

4.4.1　根据图纸上支架位置，进行支架放线工作，首先放样同一排支架的两个端头的支架位置，然后利用这两个点进行连线，根据支架间距分别定位其他支架。

4.4.2　确定支架具体位置后，要根据周边已经放样完成的点进行位置校核，确认无误后，准备安装事宜。

4.5　支架安装

4.5.1　用膨胀螺栓固定支吊架的生根时，膨胀螺栓的打入必须达到规定的深度值。

4.5.2　所有槽钢到现场标准长度（6m）的槽钢，需要时用切割机具进行现场切割。

4.5.3　槽钢和全牙螺杆切割后，应修去毛刺，对切口进行补锌或环氧处理。

4.5.4　用扭力扳手检查所有联结点螺纹部件应完全旋合，扭力值见前面产品部分。螺纹的啮合长度最低应保证螺纹顶端露出螺纹达 1～2 牙，所有螺纹连接处应锁紧。

4.5.5　吊杆的垂直度偏差不宜大于 4°，避免产生过大的水平力。

5　质量标准

装配式综合吊架安装质量应满足：

5.0.1　支吊架焊接焊缝要均匀，无虚焊砂眼等现象；

5.0.2　支吊架尺寸准确，各种管线之间保证留有足够的检修和安全距离；

5.0.3　支吊架转角角度正确，确保支吊架安装准确性；

5.0.4　对安装好的支吊架进行承重试验，确保支吊架承重能力满足设计要求，牢固可靠。

6　成品保护

6.0.1　切割好用于安装的材料应放置在独立的区域并保证在搬运、安装的过程中不会发生破损、变形的现象。

6.0.2　未安装完成的支吊架不能作为支撑物或者悬挂保护物使用。已完成的支吊架或正在进行施工的支吊架应悬挂带有"醒目"说明性文字的标识以提醒其他工种注意成品保护。

7　注意事项

7.1　应注意的质量问题

7.1.1　材料运输途中应有专人陪同，负责保护车上的材料不滑落或被外物剐蹭破损。

7.1.2　材料运至现场后，人工将材料分批搬运至使用地点，搬运过程中应注意对产品进行保护，避免刮碰。

7.1.3　安装时，材料从地面向脚手架上传送时，应注意避免槽钢与脚手架磕碰，导致槽钢破损。

7.1.4　由于结构物实际情况可能会于设计图纸有偏差，部分槽钢需要现场切割下料，槽钢切割应保证切口断面垂直，切割后应使用砂纸或板锉去除切口毛刺，然后用对切口进行涂层修补处理，电镀锌槽钢用喷锌罐补锌，环氧喷涂槽钢用环氧粉末进行修补，修补后的涂层厚度应不小于原涂层厚度。

7.2 应注意的环境问题

7.2.1 尽量放置在干燥通风的室内，如处于非常潮湿的环境中，应立即采取措施（消除明水积水，加强通风）。

7.2.2 如放置在室外，必须垫高和加设防雨防潮物件，防止积水和被雨水淋湿等。

8 质量记录

8.0.1 综合支吊架进场验收记录。

8.0.2 综合支吊架安装质量检查记录表。

第6章　风管及部件安装

本工艺标准适用于工业与民用建筑通风与空调工程的风管及部件安装。

1　引用标准

《通风与空调工程施工质量验收规范》GB 50243—2016
《建筑安装工程施工质量验收统一标准》GB 50300—2013
《通风管道技术规程》JGJ/T 141—2017

2　术语

2.0.1　风管：采用金属、非金属材料制作而成，用于空气流通的管道。

2.0.2　风管部件：通风、空调风管系统中的各类风口、阀门、排气罩、风帽、检查门和测定孔等。

2.0.3　漏风量：风管系统中，在某一静压下通过风管本体结构及其接口，单位时间内泄出或渗入的空气体积量。

2.0.4　系统风管允许漏风量：按风管系统类别所规定平均单位面积、单位时间内的最大允许漏风量。

2.0.5　漏光检测：用强光源对风管的咬口、接缝、法兰及其他连接处进行透光检查，确定孔洞、缝隙等渗漏部位及数量的方法。

2.0.6　风管系统的工作压力：指系统风管总风管处设计的最大的工作压力。

3　施工准备

3.1　材料及机具

3.1.1　主要安装材料应具有产品出厂合格证明书或质量鉴定文件。

3.1.2　风管成品不许有变形、扭曲、开裂、孔洞，法兰脱落、法兰开焊、漏铆、漏打螺栓眼等缺陷。

3.1.3 安装的风管及消声器、阀门、罩类、风口等部件均应符合设计和相关标准的要求。

3.1.4 施工机具：吊车、倒链、滑轮、钢丝绳、麻绳、千斤顶等起重工具；折叠式台梯、合梯、竹梯、折叠梯、升降操作台、脚手架等高空作业必备器具。冲击电钻、手电钻、手电剪、台钻、电烙铁、电焊机、扳手、螺丝刀、手锤、钢锯、钢丝钳、扁铲、拉铆枪、钢卷尺、线坠、水平尺等。

3.2 作业条件

3.2.1 一般送、排风系统和空调系统的安装应在建筑结构施工完毕，障碍物已清理，地面无杂物，道路畅通的条件下进行。

3.2.2 对空气洁净系统的安装，应在建筑物内部安装部位的地面做好，墙面已抹完灰完毕，室内无灰尘飞扬，或有防尘措施的条件下进行。

3.2.3 风管及部件成品均应为经检验后的合格产品。

3.2.4 除尘系统的管系安装，宜在与系统有关的工艺设施安装基本完毕，风管接口位置确定后进行。

3.2.5 土建预留的孔洞、预埋件的位置应符合设计要求，风管安装部位无其他专业管线、设备阻碍风管及部件安装。

3.2.6 作业地点要有相应的辅助设计，如梯子、架子等，及电源和安全防护装置、消防器材等。

3.2.7 风管安装应有设计的图纸及大样图，并有施工员的技术、质量、安全交底。

4 操作工艺

4.1 工艺流程

现场测量放线 → 制作支、吊架 → 安装支、吊架 → （K）风管预组配 →
风管连接 → 风管安装就位找平找正

注：K——质量检测控制点。

4.2 现场测量放线

4.2.1 根据设计图纸并参照土建基准线找出风管安装标高。矩形风管标高从管底算起，而圆形风管是从风管中心算起。

4.2.2 确定风管主、支管安装平面位置，可在建筑物顶部用墨线划出风管主、支管安装中心轴线。

4.3 制作支、吊架

4.3.1 按照风管系统所在空间位置和风系的形式、结构，确定风管支、吊架形式，具体形式见图 6-1。

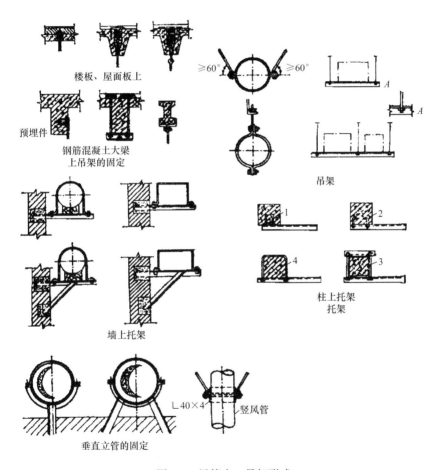

图 6-1 风管支、吊架形式

4.3.2 支、吊架间距应符合下列规定：

1 不保温风管水平安装，直径或大边长小于 400mm，其间距不超过 4m；大于或等于 400mm，不应大于 3m。螺旋风管支架的间距可适当加大。

2 不保温风管垂直安装其间距为 4m，并在每根立管上不少于 2 个固定点。

3 保温风管的支吊架间距必须符合要求，设计无要求时应根据支、吊架的实际承重核算间距。

4 对消声器、加热器等在风管上安装的设备，其两端风管应各设一个支、吊点。

4.3.3 风管支吊架制作具体做法和用料规格应参照国家通风安装标准图集。

4.3.4 支吊架的钻孔位置在调直后划出，严禁使用气割螺孔。

4.3.5 扁钢抱箍其形状应与风管相符，其周长应略小于风管，风管卡紧后两抱箍之间应保持 5mm 左右间隙。

4.3.6 吊杆、抱箍螺栓应螺纹完整，调节灵活，吊杆螺纹部分的长度应为 40～80mm。吊杆焊接拼接宜采用搭接，搭接长度不应少于吊杆直径的 6 倍，并应在两侧焊接。

4.3.7 支吊架制作完毕后，应进行除锈，刷一遍防锈漆。用于不锈钢、铝板风管的支吊架应作防腐绝缘处理，防止电化学或晶间腐蚀。

4.4 安装支、吊架

4.4.1 支架安装

1 砖墙上安装支架，根据支架标高确定打洞位置，洞的深度应比支架的埋入长度深 20mm。洞内应用水冲洗干净，先在洞内填一些 1:2 水泥砂浆，插入支架。支架埋入墙内部分不得有油漆或油污等杂物，埋入长度应做好标记，一般为 150～200mm。支架埋入后应平直标高准确，砂浆填充应密实，表面应平整、美观。

2 支架采用膨胀螺栓或过墙螺栓固定时，先找出螺栓位置，对于膨胀螺栓孔，应严格按照螺栓直径钻孔，不得偏大，支架的水平度应采用钢垫片调整，过墙螺栓的背面必须加挡板。

3 支架在现浇混凝土墙、柱上时，可将支架焊接在预埋件上。如无预埋件时应用膨胀螺栓固定支架。柱上安装支架也可用螺栓、角铁或抱箍将支架卡箍在柱上。

4.4.2 吊架安装

1 按风管中心线找出吊杆敷设位置，双吊杆吊架应以风管中心轴线为对称轴敷设，吊杆应离开管壁 20～30mm。

2 吊架的固定点设置形式可焊接或挂设在预埋件上。无预埋件可采用膨胀螺栓。

3 靠墙安装的垂直风管应用悬臂托架或有斜撑支架，不靠墙、柱穿楼板安装的垂直风管宜采用抱箍支架，室外或屋面安装立管应用井架或拉索固定。

4 为防止圆形风管安装后变形，应在风管支、吊架接触处设置托座。

4.5 风管预组配

4.5.1 安装前应根据加工草图和现场测量情况对预制管件进行预组配。对管件的长度、角度、法兰连接情况作一次检查，并按安装顺序编号。发现遗漏、损坏和质量问题等影响安装的因素应及时采取措施进行补救。

4.6 风管连接

4.6.1 风管的连接长度应按风管的壁厚、法兰与风管的连接方法、安装的结构部位和吊装方法等因素决定。为了安装方便，尽量在地面上进行连接。

4.6.2 用法兰连接的一般通风、空调系统，其法兰垫料厚度为 3～5mm，空气洁净系统的法兰垫料厚度不得小于 5mm。法兰垫料的材质如设计无规定可按表 6-1 选用。

法兰垫料选用 表 6-1

应用系统	输送介质	垫料材质及厚度（mm）		
一般空调系统及送、排风系统	温度低于 70℃的洁净空气或含尘含湿气体	8501 密封胶带 3	软橡胶板 2.5～3	闭孔海绵橡胶板 4～5
高温系统	温度高于 70℃的空气或烟气	石棉绳 φ8	耐热胶板	
化工系统	含有腐蚀性介质的气体	耐酸橡胶板 2.5～3	软聚氯乙烯板 2.5～3	
洁净系统塑料风道	有净化等级要求的洁净空气	橡胶板 5	闭孔海绵橡胶板 5	
洁净系统	含腐蚀性气体	软聚氯乙烯板 3～6		

4.6.3 加法兰垫料前应用棉纱擦掉法兰表面的异物和积水。法兰垫料不能挤入风管内。

4.6.4 空气洁净系统严禁使用厚纸板、铅油麻丝、泡沫塑料、石棉绳等易产尘材料，法兰垫料应尽量减少接头，接头必须采用梯形或榫形连接（见图 6-2），并应涂胶粘牢。法兰均匀压紧后的垫料宽度应与风管内壁取平。

4.6.5 不锈钢法兰连接应采用同材质不锈钢螺栓，铝板法兰连接应采用镀锌

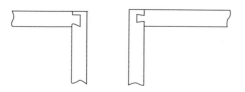

图 6-2 风管法兰垫料接口形式

螺栓，并在法兰两侧垫以镀锌垫圈。

4.6.6 连接法兰的螺母应均匀拧紧，其螺母应在同一侧。

4.6.7 矩形风管采用 C 型及 S 型插条连接时，风管长边尺寸不得大于 630mm。接口处应加橡胶垫，四角必须有固定措施。风管连接两平面应平直，不得错位及扭曲。连接形式如图 6-3。

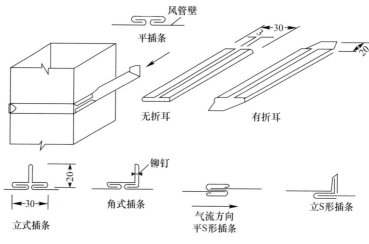

图 6-3 矩形风管插条连接形式

4.6.8 直径为 120～1000mm 的圆形风管可采用插接式连接及抱箍连接，连接形式如图 6-4。

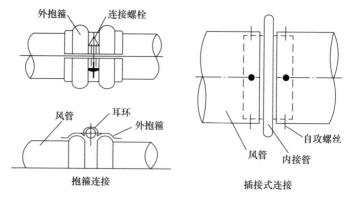

图 6-4 圆风管插接连接形式

采用插接式连接时，插件之间应配合紧密，插入深度应满足要求，风管连接后应保持同心，不扭曲变形，并应在接口处缠裹密封胶带或采取其他密封措施。

4.7　风管安装就位，找平、找正

4.7.1　风管吊装前应对连接好的风管平直度及支管、阀门、风口等的相对位置进行复查，并应进一步检查支、吊架的位置、标高、强度，确认无误后按照先干管后支管、先水平后垂直的顺序进行安装。

4.7.2　空气净化空调系统风管、静压箱及其他部件，在安装前内壁擦拭干净，做到无油污和浮尘，当施工完毕或停顿时，应封好端口。

4.7.3　整体吊装

1　吊点设置可根据风管壁厚、连接方式、风管截面形状综合考虑。吊点间距宜为5～7m。无法兰连接、薄壁、矩形风管的吊点应适当缩短。吊点应设在梁、柱等坚固的结构上，对于无合适锚点的情况，应专门设立桅杆。

2　风管绑扎应牢固可靠，矩形风管四角应加垫护角或质地较软的材料。圆形风管绑扎不宜选在法兰处。

3　吊装时，应慢慢拉紧系重绳索，并检查各锚点及绳索的受力情况、风管平衡情况等确认无误后起吊。风管吊起100～200mm时应停止起吊，再次检查倒链、滑轮、绳索及受力点。

4　风管整体吊装宜选用多吊点吊装，吊装过程中每吊一定高度应进行一次平衡，以免使风管断裂。风管吊装就位后，应先用吊架固定，确认风管稳固好后才可以解去吊具，最后找平找正。

5　垂直风管管体吊装，不宜多设吊点，吊装前宜将风管进行临时加固，在风管中段设吊点。起吊一定高度后，旋转风管成垂直状态。垂直风管吊装时，风管在空中要旋转，绑扎绳索应靠近法兰，以免绳扣滑移。室外安装风管时考虑风力对安装工作的影响。

4.7.4　分节吊装

1　风管受安装条件的限制不易整体吊装时，应采用分节吊装。

2　风管可在地面连成不大于6m的管段，并应在风管安装位置搭设脚手架或升降操作平台等，就位一段，安装一段，逐段进行。

4.7.5　输送易燃、易爆气体的风管和易燃、易爆环境中的风管系统，必须使电气接地良好，并尽量减少风管接口。输送易燃、易爆气体的风管，通过生活

区或其他生产房间时必须严密，不得设置接口。系统应电气接地良好，所有法兰均应采用多股软铜线跨接，导线与风管的连接宜采用锡焊或铜焊。

5 质量标准

5.1 主控项目

5.1.1 风管安装必须符合下列规定：

1 风管和空气处理室内部，严禁其他管线穿越；

2 现场风管接口的配置，不得缩小其有效截面；

3 输送含有易燃、易爆气体和安装在易燃、易爆环境的风管系统应有良好的接地，通过生活区或其他辅助生产房间必须严密，并不得设置接口；

4 不锈钢板、铝板风管与碳素钢支架的接触处，必须采取防腐绝缘或隔绝处理；

5 风管穿出屋面外应有防雨装置。室外立管的拉索严禁拉在避雷针或避雷网上；

6 硬聚氯乙烯风管的直段连续长度大于20m，应设置伸缩节。支管的重量不得由干管来承受，必须设独立支、吊架。

5.2 一般项目

5.2.1 风管部件安装必须符合下列规定：

1 防火洞、排烟阀（排烟口）及手动控制装置、止回风阀与自动排气活门的安装方向、位置应正确。当在阀门上设置支、吊架时，不得妨碍其操作和功能的发挥；

2 斜插板阀的安装，阀板必须向上拉启。水平安装时，阀板应顺气流方向插入；

3 风管部件的操作机构不得安装在墙体或楼板内；

4 防火分区隔墙两侧的防火阀，距墙表面距离应不大于200mm。

5.2.2 净化空调系统风管的安装还应符合下列规定：

1 风管、静压箱及其他部件，必须擦拭干净，做到无油污和浮尘，当施工完毕或停顿时，端口必须封好；

2 法兰垫料应为不产尘、不老化和具有一定强度的材料，厚度不小于5mm，不得采用乳胶海绵或石棉绳。法兰垫片应减少接缝，并不允许直缝对接连接，严禁在垫料表面涂涂料；

3　风管与洁净室围护结构的接缝处必须密封。

5.2.3　集中式真空吸尘系统的安装还应符合下列规定：

1　真空吸尘系统弯管的曲率半径应不小于 4 倍管径，弯管内壁应光滑，不得采用折皱弯管。

2　真空吸尘系统三通的夹角不得大于 45°；四通制作应采用两个斜三通做法。

5.2.4　风管及部件安装完毕后，应按系统类别进行严密性检验，漏风量应符合设计及规范规定。风管系统严密性检验的施行，应符合施工规范附录的规定。

1　低压系统风管的严密性检验宜采用抽检，抽检率为 5%，且不得少于一个系统。在加工工艺得到保证的前提下，采用漏光法检测。检测不合格时，应按规定的抽检率，作漏风量测试。中压系统风管的严密性检验，应在严格的漏光法检测合格条件下，对系统风管漏风量进行抽检，抽检率为 20%，且不得少于一个系统。高压系统风管的严密性检验，为全数进行漏风量测试。系统风管严密性检验的被抽检系统，应全数合格，可视为通过。如有不合格时，则应再加倍抽检，直至全数合格。

2　净化空调系统风管的严密性检验，按洁净等级进行划分，规定如下：

1）低于 6 级的系统按低压系统风管的规定执行；

2）6 级到低于 5 级系统按中压系统风管的规定执行；

3）等于或高于 5 级的系统高压系统风管的规定执行。

5.2.5　风管系统安装应符合下列规定：

1　风管安装前，应清除内外杂物做好清洁及保护工作。

2　风管安装的位置、标高、走向，应符合设计要求。

3　连接法兰的螺栓应均匀拧紧，其螺母宜在同一侧。

4　风管连接的接口处应严密、牢固。风管法兰垫片的材质应符合系统功能的要求，厚度不小于 3mm。垫片不允许漏垫与凸入管内，亦不宜突出法兰面。

5　风管连接应平直、不扭曲。明装风管水平安装，水平度的偏差，不应大于 3mm/m，总偏差不应大于 20mm。明装风管垂直安装，垂直度的偏差，不应大于 2mm/m，总偏差不应大于 20mm。暗装风管位置应正确，无明显偏差。

6　安装的柔性短管应松紧适度，无明显扭曲。

7　可伸缩性金属或非金属软风管的长度不宜超过 2m，并不应有死弯或塌凹。

8 风管与砖、混凝土风道的接口应顺气流方向，并应采取密封措施。

9 无法兰连接风管的连接处，应完整无缺损、表面应平整。承插风管四周缝隙应一致，无明显的弯曲或折皱，外粘的密封带或胶应贴紧、粘牢。薄钢板法兰连接风管的弹簧夹或紧固夹的间隔不应大于 150mm，且分布均匀，无自由松动现象。

5.2.6 非金属风管还应符合下列的规定：

1 风管连接两法兰端面应平行、严密；法兰螺栓两侧应加镀锌垫圈。

2 复合材料风管的连接处，接缝应牢固，加固正确，无孔洞和开裂。

5.2.7 风管支、吊架应符合下列规定：

1 风管水平安装，直径或长边尺寸小于等于 400mm，间距不应大于 4m；大于 400mm，间距不应大于 3m；

2 风管垂直安装，间距不应大于 4m，单段直管至少应有二个固定点；

3 风管支、吊架应按国标图集选用，确保有足够的强度和刚度。对于直径或边成大于 2500mm 的超宽、越重等特殊风管支、吊架应符合设计的规定；

4 支、吊架不宜设置在风口、阀门、检查门及自控机构处，离风口或插接管的距离不宜小于 200mm；

5 水平悬吊的主干风管长度超过 20m 时应设置防止摆动的固定点，每个系统不少于 1 个；

6 吊架的螺孔应采用机械加工。吊杆应平直，螺纹完整、光洁。安装后各副支、吊的受力应均匀，无明显变形；

7 抱箍支架，折角应平直，抱箍应紧贴并箍紧风管；安装在支架上的圆形风管应设托座与抱箍，圆弧应均匀，应能箍紧风管且与风管外径相一致；

8 玻璃钢（包括无机玻璃钢）的安装还应符合下列规定：

1）应加大支、吊架与水平风管的接触面积；

2）风管垂直安装，支架间距不应大于 3m；

9 复合材料板风管按产品标准的规定执行。

5.2.8 风管部件安装

1 各类风阀应安装在便于操作及检修的部位。防火阀直径或长边尺寸大于等于 630mm 时，应设独立支架。

2 手动密闭阀安装，阀门上标志的箭头方向应与受冲击波方向一致。

3 风帽安装必须牢固，风管与屋面交接处应不渗水。

4 排、吸风罩的安装位置应正确，排列整齐，牢固可靠。

5 风口与风管的连接应严密、牢固，与装饰面应贴实；表面应平整、不变形，调节应灵活、可靠。条形风口的安装，接缝处应衔接自然，无明显缝隙。同一厅室、房间内的相同风口的安装高度应一致，排列应整齐。风口水平安装，水平度的偏差不大于 3/1000。风口垂直安装，垂直度的偏差不大于 2/1000。

6 净化空调系统风口安装还应符合下列规定：

1) 净化空调系统风口安装前应清扫干净，其边框与建筑顶棚或墙面间的接缝处应加密封垫料或填密封胶，不得漏风；

2) 净化空调系统高效过滤器的送风口，应设可分别调节高度的吊杆。

6 成品保护

6.0.1 安装完的风管不得踩踏、碰撞，以确保风管及保温层的完好。

6.0.2 严禁把安装完的风管作为支、吊、托架，不允许将其他支、吊架焊在或挂在风管法兰和风管支、吊架上。

6.0.3 阀门、风口等部件出库后应妥善保管，防止风口受挤压变形或表面划伤。

6.0.4 安装不锈钢、铝板风管时，应尽量减少与铁质物品接触，并应防止产生刮伤表面现象。

6.0.5 风管伸入结构风道时，其末端应安装上钢丝网，以防止系统运行时杂物进入金属风道内。

7 注意事项

7.1 应注意的质量问题

7.1.1 应注意的质量问题见表 6-2。

风管及部件安装易产生质量问题及防治措施 表 6-2

序号	常产生的质量问题	防治措施
1	风管安装不顺直，扭曲	安装前应检查风管两边法兰平行度、法兰与轴线垂直度；上螺栓时四边应用力均匀

序号	常产生的质量问题	防治措施
2	风管安装高低不平	支、吊架安装时应用水平找平；调整支、吊架标高，增加支架；支架标高应考虑风管变径影响
3	风管安装后，易左右摆动，不稳定	增设防晃支架
4	吊杆不直、倾斜，抱箍不紧，托架不平	合理下料钻孔；下料后应进行调直，支架安装后找平找直
5	支、吊架装在法兰、阀门、风管风量测定孔处	安装前认真核对支、吊架与法兰、阀门之间的相对距离
6	保温风管的支、吊架装在保温层内部，使保温层受损	托架下料时应考虑留出保温距离
7	保温风管直接与支、吊、托架接触	接触处应垫上坚固的隔热材料，厚度与保温层相同
8	风口与风管连接不严	涂密封胶或缠密封胶带；支管尺寸应与风口相配
9	法兰垫料突出法兰外或伸进管内，垫料接头处有空隙。	尽量减少垫料接头；垫料长度、宽度应按法兰尺寸剪切。洁净系统应采用榫形接头连接
10	法兰连接螺母位置不一致	按质量要求施工；法兰螺母应在同一侧

7.2 应注意的安全问题

7.2.1 施工现场应场地整洁，道路畅通，安全设施必须符合《安全生产管理办法》的规定。

7.2.2 安装施工必须戴好安全帽，高处作业应系好安全带，严禁穿硬底鞋。

7.2.3 手持电动工具应有漏电保护装置。

7.2.4 各种卡子及支架灌好砂浆，待其凝固结实后方可安装管道，不允许临时用绳索或铅丝绑扎。

7.2.5 吊装前应检查滑轮、绳索、桅杆、倒链等吊装工具和设备状况与负载能力。

7.2.6 用滑车或倒链吊装风管时，要将滑车或倒链绑牢在固定的结构上，不得松动。

7.2.7 风管吊装时，严禁人员站在被吊风管下方，风管上严禁站人。

7.2.8 使用梯子时，梯子结构应牢固，梯子与地面夹角以 60°左右为宜，梯子上端要扎牢，下端采取防滑措施。

7.2.9 施工现场孔洞应加盖板，以防坠人坠物事故发生。

7.2.10　较长风管起吊时，起吊速度应同步进行，首尾呼应，防止由于一头过高，中段风管法兰受力大而造成风管变形。

7.2.11　风管连接对准螺孔时要使用尖头冲定位，不许用手指摸索，以免扎伤手指。

7.2.12　在斜坡、屋面上安装风管、风帽时，应挂好安全带，并用可靠索具将风管绑好，待安装完毕后，再拆除索具，以免掉下伤人。

8　质量记录

8.0.1　风管及部件安装分项工程质量检验评定表。

8.0.2　隐蔽工程检查验收记录。

第7章 通风机安装

本工艺标准适用于离心式和轴流式通风机的安装。

1 引用标准

《通风与空调工程施工质量验收规范》GB 50243—2016
《通风与空调工程施工规范》GB 50738—2011

2 术语（略）

3 施工准备

3.1 材料及机具

3.1.1 施工材料主要有普通钢板、角钢、扁钢、铸铁垫板、混凝土、电焊条、煤油、黄油、棉纱头等。

3.1.2 施工所用材料必须合格，混凝土、电焊条应具有质量证明文件；金属板材、型材应表面平整，不得有锈蚀、裂纹等缺陷。

3.1.3 机具及设备主要有交流电焊机、卷扬机（或汽车吊）等。

3.2 作业条件

3.2.1 施工现场应整洁，无其他物品妨碍安装，有足够的运输空间。

3.2.2 设备型号，设备基础应符合设计要求并办理了交接验收手续。

3.2.3 开箱检验已进行完毕并符合要求，随设备所带资料及产品合格证齐备（进口设备必须具有国家商检部门的检验合格证明文件）。

3.2.4 所用机具及设备均应完好，运转正常，并符合安全生产的有关规定，操作人员应持证上岗并熟悉操作程序。

4 操作工艺

4.1 工艺流程

设备基础验收 → 设备开箱检查 → 现场运输 → 组对、安装、就位 →

找平找正 → 质量验收

4.2 设备基础验收

设备基础验收应有建设单位、土建施工单位和安装单位共同参加，并办理验收合格手续。

4.3 设备开箱检查

4.3.1 根据设备装箱清单，核对叶轮、机壳和其他部位的主要尺寸，进风口、出风口的位置等应与设计相符。

4.3.2 叶轮旋转方向等应符合设备技术文件的规定。

4.3.3 进风口、出风口应有板遮盖。各切削加工面、机壳和转子不应有变形或锈蚀、碰损等缺陷。

4.4 现场运输

4.4.1 整体安装的风机，搬运和吊装的绳索不得捆绑在转子和机壳或轴承盖的吊环上。

4.4.2 现场组装的风机、绳索的捆绑不得损伤机件表面，转子、轴颈和轴封等处均不应作为捆绑部位。

4.4.3 输送特殊介质的通风机转子和机壳内如涂有保护层，应严加保护，不得损伤。

4.5 安装就位

4.5.1 通风机安装应符合生产厂家提供的安装说明及要求。

4.5.2 通风机的进风管、出风管等装置应有单独的支撑，并与基础或其他建筑物连接牢固，风管与风机连接时不得强迫对口，机壳不应承受其他机件的重量。

4.5.3 通风机的传动装置外露部分应有防护罩，当通风机的进风口或进风口管路直通大气时，应加保护网或采取其他安全措施。

4.5.4 通风机底座若不用隔震装置而直接安装在基础上，应用垫铁找平。

4.5.5 皮带传动的通风机和电动机轴的中心线间距和皮带的规格应符合设计要求。

4.5.6 通风机的基础应符合设计要求。预留孔灌浆前应清除杂物，灌浆应用细石混凝土，其强度等级应比基础的混凝土高一级，并应捣固密实，地脚螺栓不得歪斜。

4.5.7 电动机应水平安装在滑座上或固定在基础上，找正应以通风机为准，安装在室外的电动机应设防雨罩。

5 质量标准

5.1 主控项目

5.1.1 通风机的规格型号必须符合设计要求。

5.1.2 风机叶轮旋转应平稳，严禁与壳体碰擦，每次停机不应停在同一个位置。

5.1.3 地脚螺栓必须拧紧，并有防松装置，垫铁放置必须正确，受力均匀，每组垫铁的块数不得超过三块，转动装置和在通大气的进出口必须设防护罩。

5.1.4 通风机试运转，其叶轮方向应正确。经不少于 2h 运转后，滑动轴承温升不超过 35℃，最高温度不超过 70℃；滚动轴承温升不超过 40℃，最高温度不超过 80℃。

5.1.5 悬吊的风机必须设隔振装置。

5.2 一般项目

5.2.1 通风机安装的允许偏差应符合表 7-1 的规定。

通风机安装的允许偏差 表 7-1

中心线的平面位移（mm）	标高（mm）	皮带轮轮宽中心平面位移（mm）	传动轴水平度		联轴器同心度	
			纵向	横向	径向位移（mm）	轴向倾斜
10	±10	1	0.2/1000	0.3/1000	0.05	0.2/1000

5.2.2 安装风机的支、吊架应符合设备技术文件的要求，焊缝应牢固饱满。

5.2.3 轴流风机组装应根据随机文件的要求进行。叶片安装角度应一致，并达到在同一平面内运转平稳的要求，叶轮与筒体的间隙为叶轮外径的 1/1000～2/1000，水平度允许偏差 1/1000。

5.2.4 叶轮进风口插入机壳深度应符合设备技术文件的规定，为叶轮外径的 1/1000。

5.2.5 安装隔振器的地面应平整，各组隔振器承受荷载的压缩量应均匀高差不大于 2mm，并不得偏心；隔振器安装完毕，在其使用前应采取防止位移及过载等保护措施。

6　成品保护

6.0.1 通风机安装就位后，在系统联通前应做好外部防护措施，防止杂物进入机内，使其不受损坏。

6.0.2 露天安装的通风机，其电机、轴承及联轴器等部位应采取防雨措施。

7　注意事项

7.1　应注意的质量问题

7.1.1 风机基础标高不准确，基础验收不严格不得进行风机安装工作。

7.1.2 落地安装的风机减震器布置要合理，每只减震器承压一致。

7.1.3 吊式安装的风机与结构固定点需固定牢固，吊架受力应均衡。

7.1.4 风机叶轮动平衡需做好，手动盘动风机叶轮每次停止位置不应相同。

7.2　应注意的安全问题

7.2.1 大型风机吊装前应编制专项施工方案，经审批后方可实施，实施过程中应有专职安全员监督。

7.2.2 风机吊装所用的起重设备和钢丝绳、滑轮组、卷扬机等设施设备必须经检测合格方可使用。

7.2.3 风机设备吊装操作人员应经培训考试合格后方可上岗操作。

8　质量记录

8.0.1 基础验收记录。

8.0.2 通风机安装找平找正记录。

8.0.3 设备试运转记录。

8.0.4 通风机安装分项工程质量检验评定表。

第8章 空气处理机组安装

本工艺标准适用于工业与民用空调工程中空气处理机组的安装。

1 引用标准

《通风与空调工程施工质量验收规范》GB 50243—2016

《通风与空调工程施工规范》GB 50738—2011

2 术语（略）

3 施工准备

3.1 材料及机具

3.1.1 各种材料应具有产品质量证明书或出厂合格证。

3.1.2 螺栓、垫圈、膨胀螺栓、密封胶、木垫、橡胶垫、棉纱、油漆、电焊条等辅材准备齐全。

3.1.3 施工机具有不锈钢直尺、钢盘尺、角尺、墨斗、线坠、水平尺、塞尺等测量放线用工具。吊车、倒链、滑轮、钢丝绳、麻绳、千斤顶、卷扬机等起重工具。扳手、套筒扳手、螺丝刀、手锤、锉刀、拉铆枪、手电钻、台钻、电焊机、冲击电钻等常用工具。

3.2 作业条件

3.2.1 空调机组安装应在建筑结构内装饰施工基本完毕，室内干净，无灰尘扬起的情况下进行。机房应进行妥善封闭。

3.2.2 设备经开箱检查符合要求，且设备基础经验收合格符合图纸与施工规范要求。

3.2.3 空调机组安装前应有文字施工技术、安全、质量交底，并应认真阅读机组的技术文件，并熟悉施工图纸。

4　操作工艺

4.1　工艺流程

开箱检查 → 基础验收 → 底座安装 → 分段组装 → 找平找正

4.2　空调机组开箱检查

空调机组安装前应进行开箱检查；检查应符合下列规定：

4.2.1　机组的型号、规格及附件数量与装箱单相符；

4.2.2　机组的外形应平整，圆弧均匀，漆膜完好，无锈蚀，焊缝饱满，无孔洞，无明显伤痕；

4.2.3　非金属设备构件材质应符合使用场所的特殊要求，表面保护涂层应完整；

4.2.4　机组的进出口应封闭良好，随机的零部件应齐全无缺损；

4.2.5　空调机组水、风进出口尺寸、方位应符合设计要求。

4.3　基础验收

4.3.1　组合式空调机组混凝土基础的位置、尺寸、标高、预留孔洞、预埋件等均应符合设计要求。

4.3.2　组合式空调机组底座与基础连接可采用地脚螺栓或与基础预埋钢板直接焊接。安装后应用水平仪找平底座。

4.4　底座安装

4.4.1　空调箱底座安装于设备基础之上，按照设计要求设置减震器或减震垫。

4.4.2　减震器型号规格应符合设计规定，减震器设置位置合理。

4.4.3　底座四周采用限位装置对设备底座的水平位移进行约束。

4.5　分段组装应符合下列规定

4.5.1　组合式空调机组各功能段的组装应符合设计规定的顺序，并按生产厂家的说明书进行组装。

4.5.2　表面式换热器应具有合格证明，并在技术文件规定期限内，外表无损伤，安装前可不做水压试验，否则应作水压试验。试验压力为系统工作压力的 1.5 倍，且不小于 0.4MPa，水压试验的观测时间为 3min，压力不得下降。

4.5.3 喷淋段检查门不得漏水，凝结水的引流管或槽应畅通，凝结水不得外溢。

4.5.4 表面式冷却器在下部应设置滴水盘和排水管，滴水盘的大小应根据表面冷却器大小及凝结水量来考虑。

4.5.5 为减小机组漏风量，冷凝水排出管应设置 U 形水封。机组操作压力水头高度加 50mm，但最少不得少于 100mm。

4.5.6 风机段电动机、风机与底座连接应采用减振器隔振，进、出风口宜采用软接头连接。

4.5.7 风机安装前应用手转动风机，细听内部有无金属摩擦声。如有异声，应调节轮子部分，使其和机壳不碰为止。

4.5.8 加湿段采用蒸汽加湿器时，喷汽管宜装在盘管或冷却器的下风向，如需要装在盘管或冷却器的上风向时，其间距不宜小于 1m。喷汽管应处于空气流动处，并尽可能远离风机的吸风口。

4.5.9 空气过滤段粗、中效空气过滤器的安装，应便于拆卸和更换滤料。过滤器与框架之间，框架与空调箱体之间应严密。

4.5.10 组合式空调机组各功能段之间应连接严密，整体平整牢固，检查门开启应灵活，水路应畅通。

4.6 找平找正

4.6.1 分段组装的空调箱水平、纵横中心偏差应满足规范要求。

4.6.2 机组不得承受外装水管和风管的重量，机组水管进出口与风管进出口要用软连接。

5 质量标准

5.1 主控项目

5.1.1 空调机组的安装应符合下列规定：

1 型号、规格必须符合设计要求。

2 漏风量必须符合国标《人造气氛腐蚀试验 一般要求》GB/T 14293—1998 的规定。现场组装的组合式空调机组应做漏风量检测。

5.1.2 净化系统的空调机组安装应符合下列规定：

1 机组与建筑结构的连接必须采取密封措施。

2　中、高级过滤器滤料安装必须在系统吹扫干净后进行。

5.2　一般项目

5.2.1　组合式空调机组各功能段的组装应符合设计和设备技术文件的规定。

5.2.2　机组与供回水管的连接应正确、严密，冷凝水排放管的水封高度符合设计和设备技术文件的规定。

5.2.3　现场组装的空气处理室应符合下列规定：

1　空气处理室的壁板、段与段的连接，检查门等连接部位应严密不漏。

2　各种管系应畅通，设备表面清洁、完好。

5.2.4　设备安装应平稳、牢固，室外部分应有遮阳、防雨措施，冷凝气流应顺畅。凝结水的排放应符合设计要求。

6　成品保护

6.0.1　空调机组搬运和吊装时应保持包装完好，绳索的捆缚不得损伤机组表面，装卸时应轻拿轻放。

6.0.2　表面换热器安装时要特别注意保护其表面肋片不受损伤。

6.0.3　空调机组未与系统连接前，其水、风进出口应妥善封闭。

6.0.4　开箱后应将暂不立即安装的附件、重要精密件等妥善保管。

6.0.5　空调系统水、风管吹扫、清洗时应与空调机组隔绝，防止异物进入机组内。

7　注意事项

7.1　应注意的质量问题

7.1.1　空调机组冷凝水排出管应畅通，保证排水坡度。

7.1.2　空调机组基础高度应满足管道敷设坡度要求，管道安装时应注意找坡。

7.2　应注意的安全问题

7.2.1　设备到货拆箱时，箱板应及时清理，防止钉子伤人。

7.2.2　设备吊装所用的起重设备和钢丝绳、滑轮组、卷扬机等设施设备必须经检测合格方可使用。

7.2.3　设备吊装操作人员应经培训考试合格后方可上岗操作。

8　质量记录

8.0.1　设备开箱检查记录表。

8.0.2　空调机组安装分项工程质量评定表。

8.0.3　设备安装记录表。

第9章 地源热泵采集系统施工

本工艺标准适用于工业与民用建筑中空调工程中地源热泵采集系统的安装（不包括供电及控制部分）。

1 引用标准

《通风与空调工程施工质量验收规范》GB 50243—2016

《工业建筑供暖通风与空气调节设计规范》GB 50019—2015

《民用建筑供暖通风与空气调节设计规范》GB 50736—2012

《建筑给水排水及采暖工程施工质量验收规范》GB 50242—2002

《建筑节能工程施工质量验收规范》GB 50411—2007

《地源热泵系统工程技术规范》GB 50366—2005（2009）

《埋地塑料给水管道工程技术规程》CJJ 101—2016

《管井技术规范》GB 50296—2014

《供水水文地质钻探与管井施工操作规程》CJJ/T 13—2013

《给水排水管道工程施工及验收规范》GB 50268—2008

《现场设备、工业管道焊接工程施工规范》GB 50236—2011

2 术语（略）

3 施工准备

3.1 作业条件

3.1.1 应编制地源热泵采集系统专项施工方案。

3.1.2 已调查清楚工程场地状况，包括场地规划面积、形状及坡度；已有的地下管线和地下构筑物的分布及埋深；场地已有建筑物和规划建筑物的占地面积及分布；场地内树木植被、池塘、排水沟及架空输电线、电信电缆的分布；场地内已有水井的位置。

3.1.3 地埋管换热系统已具有岩土热响应试验报告；地下水换热系统已具有水文地质勘察资料；地表水换热系统已具有地表水勘探资料；污水换热系统施工前应对项目所用污水的水质、水温及水量进行测定。

3.1.4 系统管线安装人员、焊工（包括 PE 管焊工）应经过理论与实际施工操作培训、考核，取得相应证件后持证上岗。

3.2 材料及机具

3.2.1 管材、管件、水泵、阀门、仪表、绝热材料等应符合设计及节能规范的要求，各种材料和设备的质量证明文件和相关技术资料应齐全，并应符合国家现行有关标准和规定。管材与管件应为相同材料，管材的公称压力及使用温度应满足设计要求，且管材的公称压力不应小于 1.0MPa。

3.2.2 施工机具：打井钻孔设备、泥浆泵、热熔机、对接机、台钻、电焊机、切割机、割刀、气焊工具、冲击电钻、电动打压泵、扳手等。

3.2.3 仪器仪表：临时配电箱、人字梯、钢卷尺、游标卡尺、电工器具、水平尺等。

4 操作工艺

4.1 地埋管换热系统

4.1.1 工艺流程：

竖埋管：施工准备 → 清理现场、平整地面 → 测量放线 → 开挖水渠 → 竖埋管孔的钻凿 → 下管准备 → 下管 → 打压 → 回填

水平连接管：沟槽开挖 → 下料 → 管道连接 → 压力试验 → 环路集管连接 → 回填

4.1.2 施工前，按照第三方检验机构出具的岩土热响应试验报告，复核土壤换热能力；根据构筑物和已有的地下管线，对图纸进行优化、深化，确定各环路竖埋管及阀门小室的数量和位置，使各环路的流量保持平衡。竖埋管井位间距宜为 3～6m，保证换热效率的同时尽量减少钻孔区域，绘制竖埋管井位布置图。

4.1.3 PE 管管材进入施工现场应进行复验。竖埋管采用工厂化预制，U 形接头采用定型产品，熔接方式采用电熔的方式。预制管道到达现场后，验收一次

验收合格率应达到100%。管道的其他连接部位采用热熔或电熔。

4.1.4 PE管管径 $De>63$ 采用对焊，$De\leqslant63$ 采用插接，对焊质量控制关键点：坚持"四严格"的原则：严格按照厂方说明书或施工规范操作，把控好熔融对接压力、加热板温度、加热时间，尽量减少切换周期；严格控制焊接时间：当通电热熔器指示灯达到指定温度保温状态后，待连接件迅速脱离承插连接加热工具，严格控制从加热结束到熔融对接开始时间的切换时间，切换周期越短越好，且在至少10min的附加冷却时间内，不能让接头承受过大的应力；严格控制连接件两端的错位量，控制在壁厚的10%以内，管材加热和对接前一定要进行对中检查。

4.1.5 钻孔回填：钻孔的位置、孔径、间距、数量与深度不应小于设计要求，钻孔垂直度偏差不应大于1.5%；下管应采用专用工具，埋管的深度应符合设计要求，且两管应分离，不得相贴合。竖埋管应在钻孔钻好且孔壁固化后立即进行。竖埋管安装完毕后，应立即灌浆回填封孔，回填的质量直接影响换热效果。灌浆回填料需要根据地质特征确定回填料配方，回填料导热系数不宜低于钻孔导热系数。回填应采用注浆管，并应由孔底向上满填，全部灌浆完成后，按照5%的比例，进行回填密实性的检测。

4.1.6 水平环路集管埋设的深度距地面不应小于1.5m，或埋设于冻土层以下0.6m；供、回环路集管的间距应大于0.6m。

4.1.7 地埋管换热系统应分步骤进行四次水压试验，第一次是竖埋管插入钻孔前和水平地埋管换热器放入沟槽前，第二次是地埋管换热器与环路集管装配完成且回填前，第三次是环路集管与机房分集水器连接完成且回填前，第四次是地埋管换热系统全部安装完毕。水压试验应符合下列规定：

1 试验压力：当工作压力≤1.0MPa时，应为工作压力的1.5倍，且不应小于0.6MPa；当工作压力>1.0MPa时，应为工作压力加0.5MPa。

2 第一次水压试验：在试验压力下，稳压至少15min，稳压后压力降不应大于3%，且无泄漏现象；竖埋管将其密封后，在有压状态下插入钻孔，完成灌浆之后保压1h。

3 第二次水压试验：在试验压力下，稳压至少30min，稳压后压力降不应大于3%，且无泄漏现象。

4 第三次水压试验：在试验压力下，稳压至少2h，且无泄漏现象。

5 第四次水压试验：在试验压力下，稳压至少 12h，稳压后压力降不应大于 3%。

6 水压试验宜采用手动泵缓慢升压，升压过程中应随时观察与检查，不得有渗漏；不得以气压试压代替水压试验。

4.1.8 阀门小室的施工

1 一个阀门小室内布置一个分水器和一个集水器，优化设计时根据土壤源热泵井的分布位置，合理确定阀门小室砌筑位置，尽量避免分集水器连接井口数量不一致的情况。同时使得连接机房的管线最经济合理。

2 每 12～20 口换热竖井地埋管两端分别与同程布置的供、回水环路集管连接，供、回水环路集管与相对应的分、集水器连接，分、集水器小室内的供、回水环路集管之间的间距不应小于 0.6m，每 4～7 根环路集管进入一个分集水器。

3 阀门小室内部四周与盖板做防水处理，分集水器管线穿越阀门小室处设置刚性防水套管，套管周围应用密封材料封堵严密；压力表与温度计应在校验之后方可安装；阀门小室深度应考虑水平管距地距离，一般 3m 为宜。底部混凝土垫层设置渗水坑，渗水坑中依次敷设粗砂和卵石，顶板距地 500mm 以上。

4.2 地下水换热系统

4.2.1 工艺流程：

施工准备 → 地质勘探 → 办理打井手续 → 测量放线 → 开挖水渠 →
打井 → 井壁支护 → 井内设备安装 → 洗井 → 回灌试验 → 水质检验

4.2.2 掌握热源井及周围区域的水文地质勘察资料，办理打井相关手续后方可实施，热源井的施工队伍应具有相应的施工资质，井间距和井与建筑物的相对位置要合理。

4.2.3 井壁管应安装在非含水层，用以支撑井孔孔壁，防止坍塌，井管与孔口周围用黏土或水泥等不透水材料密闭，防止地面污水渗入；滤水管安装在含水层，除有井壁作用外其主要是挡水滤砂。

4.2.4 井身直径不得小于设计直径，下置井管时，井管必须立于井口中心，上端口保持水平，小于或等于 100m 的井段，其顶角的偏斜不得超过 1°，大于 100m 的井段，每百米顶角偏斜的递增速度不得超过 1.5°，井段的顶角和方位角不得有突变。

4.2.5　热源井在成井后应及时洗井。洗井结束后应进行抽水试验和回灌试验，抽水试验应稳定延续 12h，出水量不应小于设计出水量，降深不应大于 5m；回灌试验应稳定延续 36h 以上，回灌应大于设计回灌量。

4.2.6　抽水试验结束前应采集水样进行水质测定和含沙量测定，经处理后的水质应满足系统设备的使用要求。

4.2.7　热源井和输配管网应符合国家标准《供水管井技术规范》GB 50296、《供水水文地质钻探与凿井操作规程》CJJ 13、《室外给水设计规范》GB 50013 及《给水排水管道工程施工质量验收规范》GB 50268 的有关规定。

4.2.8　地下水供水管、回灌管不得与市政管道连接。

4.2.9　提交热源成井报告，报告应包括热源井的井位图和管井综合柱状图、洗井和回灌试验、水质检验及验收资料。见图 9-1。

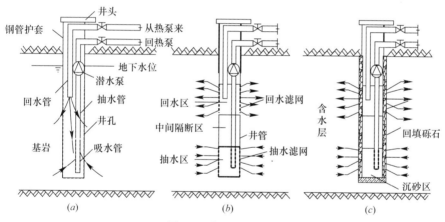

图 9-1　热源井示意图

（a）循环单井；（b）抽灌同井；（c）填砾抽灌同井

4.3　地表水换热系统

4.3.1　工艺流程：

施工准备 → 地表水勘探资料收集 → 换热设备、盘管及管道组装 →

打压、安装 → 室外管线安装 → 换热机房安装 → 管道碰头 →

系统打压 → 环路流量及进出水温差测试、调试

4.3.2　换热盘管宜按照标准长度由厂家做成所需的预制件，且不应有扭曲。

4.3.3　地表水换热盘管固定在水体底部时，换热盘管下应安装衬垫物。

4.3.4 供回水管进入地表水源处应设明显标志。

4.3.5 换热系统安装完毕后，应进行水压试验，水压试验应符合下列规定：

1 闭式地表水换热系统水压试验应符合以下规定：

1）试验压力：当工作压力≤1.0MPa 时，应为工作压力的 1.5 倍，且不应小于 0.6MPa；当工作压力>1.0MPa 时，应为工作压力加 0.5MPa。

2）水压试验步骤：换热盘管组装完成后，应做第一次水压试验，在试验压力下，稳压至少 15min，稳压后压力降不应大于 3%，且无泄漏现象；换热盘管与环路集管装配完成后，应进行第二次水压试验，在试验压力下，稳压至少 30min，稳压后压力降不应大于 3%，且无泄漏现象；环路集管与机房分集水器连接完成后，应进行第三次水压试验，在试验压力下，稳压至少 12h，稳压后压力降不应大于 3%。

4.3.6 合格后进行循环水流量及进出水温差的测试，经调试达到各环路流量平衡，符合设计要求。

4.3.7 当地表水体为海水时，与海水接触的所有设备、部件及管道应具有防腐、防生物附着的能力；取水口与排水口设置应保证取水外网的布置不影响该区域的海洋景观或船只等的航线。见图 9-2。

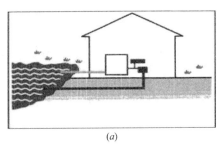 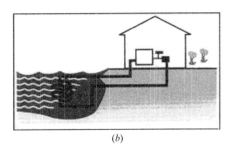

(a)   (b)

图 9-2 地表水换热系统示意图

(a) 开式循环；(b) 闭式循环

4.4 污水换热系统

4.4.1 工艺流程：

施工准备 → 污水水质、水温及水量测定 → 换热设备、盘管及管道组装 →

打压、安装 → 室外管线安装 → 换热机房安装 → 管道碰头 →

系统打压 → 系统进出水温差测试、调试

4.4.2　污水换热系统施工前应对项目所用污水的水质、水温及水量进行测定，应具备相应设计文件和施工图纸，达不到设计要求时，应进行再次处理。

4.4.3　过滤器孔直径选择 4mm，孔数为 25 目/cm^2，其安装位置，要便于清洗。

4.4.4　换热器、过滤及防阻设备的安装应满足设计要求；采用板式换热器，其间隙选择宜大于 14mm，使中水能够顺利通过。

4.4.5　污．水换热系统单独进行水压试验，水压试验应符合国家现行标准的有关规定，严禁污水进入主机。

5　质量标准

5.1　主控项目

5.1.1　地源热泵换热系统节能工程所采用的管材、管件、水泵、阀门、仪表、绝热材料等应进行进场验收与核查，验收与核查的结果应经监理工程师（建设单位代表）检查认可，并应形成相应的验收与核查记录。各种材料和设备的质量证明文件和相关技术资料应齐全，并应符合国家现行有关标准和规定。

检验方法：检查进场验收记录与核查记录。

检查数量：全数检查

5.1.2　地源热泵地埋管换热系统设计施工前，应委托有资质的第三方检验机构在项目地点进行岩土热响应试验，并应符合下列规定：

1　地源热泵系统的应用建筑面积小于 5000m^2 时，设置一个测试孔；

2　地源热泵系统的应用建筑面积大于或等于 5000m^2 时，测试孔的数量不应少于 2 个。

检验方法：核查热响应试验测试报告。

检查数量：全数检查。

5.1.3　地源热泵换热系统应随施工进度对与节能有关的隐蔽部位或内容进行验收，并应有详细的文字记录和必要的图像资料。

检验方法：观察检查；核查隐蔽工程验收记录。

检查数量：全数检查。

5.1.4　地源热泵地埋管换热系统的安装应符合下列规定：

1　钻孔和水平埋管的位置与深度、钻孔数量、地埋管的材质、管径、厚度及长度，均应符合设计要求；

2 回填料及配比应符合设计要求，回填应密实；

3 按照国家行业标准《地源热泵系统工程技术规范》GB 50366 的有关规定对地埋管换热系统进行水压试验，水压试验应合格；

4 各环路流量应平衡，且应满足设计要求；

5 循环水流量及进出水温差均应符合设计要求。

检验方法：观察检查；核查相关检验与试验报告。

检查数量：全数检查。

5.1.5 地源热泵地埋管换热系统管道的连接应符合下列规定：

1 埋地管道应采用热熔或电熔连接，并应符合国家现行标准《埋地聚乙烯给水管道工程技术规程》CJJ 101 的有关规定；

2 竖直地埋管换热器的 U 形弯管接头应选用定型产品；

3 竖直地埋管换热器 U 形管的组对应能满足插入钻孔后与环路集管连接的要求，组对好的 U 形管的两开口端部应及时密封。

检验方法：观察检查；核查隐蔽工程验收记录。

检查数量：全数检查。

5.1.6 地源热泵地下水换热系统的施工应符合下列规定：

1 施工前应具备热源井及周围区域的水文地质勘察资料、设计文件和施工图纸，并完成施工组织设计；

2 热源井的数量、井位分布及取水层位应符合设计要求；

3 井身结构、井管配置、填砾位置、滤料规格、止水材料和管材及抽灌设备选用均应符合设计要求；

4 热源井持续出水量和回灌量应稳定，并应满足设计要求；

5 抽水试验结束前应采集水样进行水质测定和含沙量测定，经处理后的水质应满足系统设备的使用要求；

6 对热源井和输配管网应单独进行验收，且应符合国家标准《供水管井技术规范》GB 50296、《供水水文地质钻探与凿井操作规程》CJJ 13、《室外给水设计规范》GB 50013 及《给水排水管道工程施工质量验收规范》GB 50268 的有关规定；

7 施工单位应提交热源成井报告作为验收依据。报告应包括热源井的井位图和管井综合柱状图，洗井和回灌试验、水质检验及验收资料。

检验方法：观察检查；核查相关资料、文件、验收记录及检测报告。

检查数量：全数检查。

5.1.7 地源热泵地表水换热系统施工前应具备地表水换热系统勘察资料、设计文件和施工图纸。地源热泵地表水换热系统的施工应符合下列规定：

1 换热盘管的材质、直径、厚度及长度，布置方式及管沟设置，均应符合设计要求；

2 水压试验应符合国家行业标准《地源热泵系统工程技术规范》GB 50366 的有关规定；

3 各环路流量应平衡，且应满足设计要求；

4 循环水流量及进出水温差均应符合设计要求。

检验方法：观察检查；核查相关资料、文件、验收记录及检测报告。

检查数量：全数检查。

5.1.8 当地表水体为海水时，海水换热系统施工前应具备当地海域的水文条件、设计文件和施工图纸。海水换热系统的施工应符合下列规定：

1 换热器、过滤器等设备的安装应符合设计要求；

2 与海水接触的所有设备、部件及管道应具有防腐、防生物附着的能力；

3 取水口与排水口设置应符合设计要求，并应保证取水外网的布置不影响该区域的海洋景观或船只等的航线。

检验方法：观察检查；核查相关资料、文件。

检查数量：全数检查。

5.1.9 污水换热系统施工前应对项目所用污水的水质、水温及水量进行测定，应具备相应设计文件和施工图纸。污水换热系统的施工应符合下列规定：

1 换热器、过滤及防阻设备的安装应满足设计要求；

2 系统循环水流速应符合设计要求；

3 水压试验应符合国家现行标准的有关规定。

检验方法：观察检查；核查相关资料、文件及检测报告。

检查数量：全数检查。

5.1.10 地源热泵换热系统安装完毕后，应根据国家标准《地源热泵系统工程技术规范》GB 50366 的有关规定进行系统整体运转与调试，整体运转与调试结果应符合设计要求。

　　　　检验方法：检查系统整体运转与调试记录。

　　　　检查数量：全数检查。

5.2　一般项目

5.2.1　地源热泵地埋管换热系统的水平干管管沟开挖及管沟回填应符合下列规定：

　　1　水平干管管沟开挖应保证 0.002 的坡度；

　　2　水平管沟回填料应保证与管道接触紧密，并不得损伤管道。

　　　　检验方法：观察检查；核查隐蔽工程验收记录。

　　　　检查数量：全数检查。

5.2.2　地源热泵地下水换热系统的热源井应具备长时间抽水和回灌的双重功能，并且抽水井与回灌井间应设置排气装置。

　　　　检验方法：观察检查；核查相关资料、文件。

　　　　检查数量：全数检查。

6　成品保护

6.1　地埋管换热系统

6.1.1　运到现场内的管材应卸于建筑物内防止高温暴晒处，卸车过程严禁抛摔；现场放管后用遮阳网遮挡强光暴晒；堆放高度不超过 1.5m 且便于通风。

6.1.2　竖直地埋管换热器 U 形管的组对应能满足插入钻孔后与环路集管连接的要求，组对好的 U 形管的两开口端部应及时密封。

6.1.3　竖埋管插入钻孔前，应做水压试验，试验合格后密封管口，在有压状态下插入钻孔，以克服孔内水的阻力，完成灌浆后保压 1h。若冬季不进行水平管的连接时，为防止外露管道冻裂牵连管道下部，应将竖埋管的水用空压机排除，以免造成不必要的损失。

6.1.4　室外环境温度低于 0℃ 时，尽量避免地埋管换热器的施工，施工时最好能保证室外温度在 5℃ 以上，防止地埋管因温度过低内冲水冻裂；冬季施工的沟槽，宜在地面冻结前施工，先在地面挖松一层作为防冻层，厚度一般为30cm。每日收工前留一层松土防冻；开挖沟槽时暴露出正在使用的给排水管道，及时采取保温措施。

6.2　地下水换热系统

6.2.1　进场的井管要有相应的防腐、防霉、防污染、防锈蚀、防雨雪、防盗等防护措施。

6.2.2　环境温度接近 0℃ 或接近油料的凝固点时，钻井设备应采取防冻措施。

6.2.3　井内设备安装完毕后，及时封闭井口。

6.3　地表水及污水换热系统

6.3.1　放入地表水的换热器及连接管打压合格后，将取水口和排水口封堵严密。

6.3.2　检查井内阀门、仪表等安装完毕后及时封闭。

7　注意事项

7.1　应注意的质量问题

7.1.1　从事节能施工作业人员的操作技能对于节能施工效果影响较大，且地源热泵技术属于新技术，其工艺对于某些施工操作人员可能并不熟悉，故应在节能施工前对相关人员进行技术交底和必要实际操作培训，技术交底和培训均应留有记录。

7.1.2　施工前还应制定地源热泵专项的施工技术方案以保证施工效果。根据节能规范编制材料复验策划书，进场材料进行取样复验的策划，包括取样的材料、取样复验的项目、取样的时机、取样的数量、取样或见证取样的方法和检验结果的判定规则。

7.1.3　当室外环境温度低于 0℃ 时，不宜进行地埋管换热器的施工。

7.1.4　地埋管换热器安装前应对管道进行冲洗。

7.1.5　地下水换热系统在系统投入运行后，应对抽水量、回灌量及其水质进行定期监测。

7.1.6　地埋管换热系统的隐蔽工程较多，工程量的 90% 为隐蔽工程，应随施工进度进行验收，并应有详细的文字记录和影像资料，及时归档，保证交工时资料的完整性。

7.1.7　系统施工及调试过程中所用的仪器仪表，均应先校测、校验，合格后方可安装和使用。

7.1.8 调试运行时，应先单机检测、调试，再进行单机运行，然后进行系统调试。采集系统的各环路流量应平衡，循环水流量及进出口温差均应符合设计要求，调试运行稳定合格后，最后进行三个系统的联合运行。

7.2 应注意的安全问题

7.2.1 建立健全安全组织机构及安全保证措施，对现场操作人员要进行详细的安全交底，做好各工种的安全教育，参加人员必须办理书面签到，尽可能做到有影像资料存档。使操作人员熟悉安全操作规程，不得违章操作。

7.2.2 对采购的配电箱、吊索具、漏电保护器等进行检查，合格后方可进场，防止由于物的不安全状态引发安全事故。

7.2.3 机组等设备吊装时，应编制专项施工方案，确保安全就位。

7.2.4 电焊工、PE管焊工、电工、起重工等特殊工种应持有效证件上岗。

7.2.5 打井钻孔的施工现场一定要设置安全防护设施、明显的安全标志和警告牌，并不得擅自拆动。

7.3 应注意的绿色施工问题

7.3.1 工程施工过程中，严格遵守国家相关的环境保护法律、法规及本公司有关环境保护、资源及能源的使用要求。

7.3.2 打井钻孔的施工场地要合理布置，规范围挡，做到标牌清楚、齐全，各种标识醒目，施工场地整洁、文明。

7.3.3 打井钻孔时设立专用的排浆沟、集浆坑，对废浆进行集中，认真做好无害化处理，从根本上防止打井废浆乱流。

7.3.4 优先选用先进的环保机械。定期保养，加强维修，设置隔声罩等声音措施，降低施工噪声到允许值以下，同时尽可能避免夜间施工。

8 质量记录

8.0.1 专项施工方案、材料复试策划、深化设计文件及方案报审表。

8.0.2 技术、安全交底。

8.0.3 图纸会审、设计交底记录。

8.0.4 工程变更单。

8.0.5 培训记录和培训签到表。

8.0.6 原材料及设备出厂证明文件。

8.0.7　进场检验报告。

8.0.8　设备开箱检验记录。

8.0.9　地源热泵地埋管项目地点岩土热响应试验测试报告、水压试验、系统调试报告。

8.0.10　地源热热泵地埋管换热系统检查记录。

8.0.11　地源热泵地下水换热系统的热源井出水量及回灌量检测、水质测定及含砂量测定、成井报告。

8.0.12　地源热泵地表水换热系统的水压试验，各环路流量测试，循环水流量及进出水温差测试。

8.0.13　隐蔽工程验收记录。

8.0.14　检验批质量验收记录

8.0.15　分项工程质量验收记录。

第10章　风机盘管及诱导器安装

本工艺标准适用于工业与民用空调系统中风机盘管、诱导器等末段装置的安装。

1　引用标准

《通风与空调工程施工质量验收规范》GB 50243—2016
《通风与空调工程施工规范》GB 50738—2011

2　术语（略）

3　施工准备

3.1　材料及机具

3.1.1　型钢等安装材料应具备质量证明文件，垫料、五金件等辅助材料应有产品出厂合格证或质量证明文件，并验收合格。

3.1.2　末段装置安装前应做开箱检查，设备的规格型号应符合设计要求，随机备件与装箱单一致并有质量证明或合格证。

3.1.3　开箱前备好压力试验设备、电锤、升降工作台、梯子、吊装工具、水平尺等安装工具，工机具均应完好且满足使用要求。

3.2　作业条件

3.2.1　土建工程施工完毕，设备安装位置标高明确。

3.2.2　设备到货，施工水、电源接通。

3.2.3　施工现场接通水源、电源。

4　操作工艺

4.1　工艺流程

压力试验 → 通电试转 → 支吊架制作 → 支吊架安装 → 设备就位 →

连接配管 → 检验

4.2   压力试验

4.2.1   风机盘管和诱导器安装前应逐台进行水压试验。

4.2.2   试验压力为系统工作压力的 1.5 倍，观察 2min，不渗漏为合格。

4.3   通电试转

4.3.1   风机盘管和诱导器每台应通电进行单机三速试运转试验。

4.3.2   通电试运转不漏电、不短路，风机转动方向、转速正常为合格。

4.4   支吊架制作

4.4.1   立式明装风机盘管应将设备置于地面垫平。

4.4.2   卧式暗装风机盘管和诱导器宜采用悬吊形式，用角钢短节垂直焊制在圆钢上，并在角钢上打孔用于膨胀螺栓穿孔固定，在吊杆另一头套丝，用螺母与风机盘管和诱导器连接固定。

4.5   支吊架安装

4.5.1   吊杆应用膨胀螺栓固定在楼板上。

4.5.2   支架与风机盘管采用双螺母固定，以减小风机盘管的摆动。

4.6   设备就位

4.6.1   风机盘管安装标高，应符合设计规定。

4.6.2   使用同一条水平冷凝水排水管的所有风机盘管，标高必须一致，并高于排水管道。

4.7   连接配管

4.7.1   风机盘管、变风量空调末端装置安装位置应符合设计要求，固定牢靠且平正；

4.7.2   与进、出风管连接时，均应设置柔性短管；

4.7.3   与冷热水管道的连接，宜采用金属软管，软管连接应牢固，无扭曲和瘪管现象；

4.7.4   冷凝水管与风机盘管连接时，宜设置透明胶管，长度不宜大于 150mm，接口应连接牢固、严密，坡向正确，无扭曲和瘪管现象；

4.7.5   冷热水管道上的阀门及过滤器应靠近风机盘管、变风量空调末端装置安装；调节阀安装位置应正确，放气阀应无堵塞现象；

4.7.6   金属软管及阀门均应保温；

4.7.7   诱导器水管接头方向和回风面朝向应符合设计要求，立式双面回风诱导器应将靠墙一面留出 50mm 的空间，以利回风；卧式双回风诱导器，要保证靠楼一面留有足够的空间，机组与风管、回风箱或风口的连接应严密、可靠；

4.7.8 风机盘管接管示意图见图 10-1。

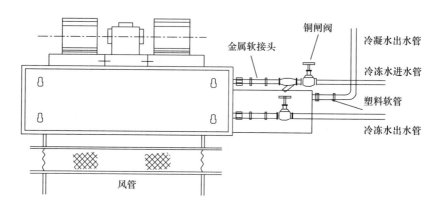

图 10-1　风机盘管接管示意图

4.8　检验

4.8.1 安装完毕应对设备、配管等进行检验。

4.8.2 机组安装稳定、坡度合理、各类仪表、阀部件安装齐全、凝结水的引流管（槽）畅通，连接完毕后无漏风、渗水、凝结水排放不畅或外溢等现象出现。

4.8.3 安装完毕后、机组应清理干净、箱体内应无杂物。

5　质量标准

5.1　主控项目

5.1.1 风机盘管的规格型号必须符合设计要求，安装应牢固，进出风方向应正确。

5.1.2 风机盘管与进出风管的连接应严密。凝结水管的坡度必须符合排水要求。

5.2　一般项目

5.2.1 风管、回风箱及风口等风机盘管机组连接处应严密、牢固。

5.2.2 风机盘管应在管道冲洗完成后，方可进水。

5.2.3 诱导器各连接部分不得松动、变形、破裂。

5.2.4　诱导器喷嘴无堵塞和脱落。

5.2.5　静压箱严密，密封不得有裂纹、脱落和漏封现象。

5.2.6　一次风调节阀应灵活、可靠。

5.2.7　诱导器安装应便于维修。

5.2.8　诱导器与一次风管的连接应严密。

5.2.9　诱导器与冷媒、热煤管道的连接宜用软接头，并不得强制组对。

5.2.10　诱导器的安装位置、标高、朝向应符合设计要求，诱导器回风口靠近墙壁或楼板时，其间隙不得小于 50mm。

5.2.11　诱导器进风口和回风口的有效面积不得小于 80％。

6　成品保护

6.0.1　现场堆放要有防雨防雪、防潮措施。

6.0.2　不应在已安装完的风机盘管上放置、承载重物。

6.0.3　安装环境条件较差时，应对已安装完毕的风管封闭。

7　注意事项

7.0.1　风机盘管水平安装或稍倾斜于结水盘方向安装。

7.0.2　冬季施工应将试压余水用空气吹净，防止冻坏风机盘管交换器。

7.0.3　风机盘管搬运时要轻拿轻放。

7.0.4　运行前清理凝结水盘的杂物，以防堵塞。

7.0.5　管道系统未冲洗完毕，严禁与风机盘管连接，以免堵塞盘管。

8　质量记录

8.0.1　分项工程质量检验评定表。

8.0.2　风机盘管试运转记录。

8.0.3　水压试验记录。

第 11 章 吸收式制冷机组安装

本工艺标准适用于工业与民用空调工程中工作压力不大于 2MPa，工作温度在 −20～150℃ 的制冷机组的安装。

1 引用标准

《通风与空调工程施工质量验收规范》GB 50243—2016

2 术语（略）

3 施工准备

3.1 作业条件

3.1.1 大型制冷设备吊装应有经批准的吊装方案。

3.1.2 土建完工，场地平整，道路畅通，机房已经封闭。

3.1.3 施工前，施工员须对施工小组进行书面技术、质量、安全交底。

3.1.4 施工人员应认真阅读设备说明书及装配图和其他有关技术文件，了解设备技术性能和特点。

3.2 材料及机具

3.2.1 隔振垫、减振器应具有产品合格证。地脚螺栓应螺纹完整，无油污，垫铁应平整，无氧化皮。

3.2.2 清洗设备用清洗剂、设备用润滑油脂等材料选用应正确，符合机组使用要求。

3.2.3 施工机具：汽车吊、卷扬机、倒链、千斤顶、钢丝绳、电焊机、空压机、冲击电钻、砂轮切割机、扳手等机具；水平、水准仪、线坠墨斗、不锈钢直尺、钢盘尺、角尺、塞尺等测量放线用具。

4　操作工艺

4.1　工艺流程

开箱检查 → 基础验收 → 测量放线 → 设备清洗 → 设备就位 → 找平找正 →
(K) 设备固定

注：K——质量检测控制点。

4.2　开箱检查

4.2.1　设备安装前应进行开箱检查，开箱检查人员应由建设、监理、施工单位代表组成。

4.2.2　拆箱应自上而下顺序进行。拆箱时应注意保护机组的管路、仪表及电器设备等不受损坏。

4.2.3　开箱检查内容：

设备型号、规格符合设计图纸要求，零件、部件、附属材料和专用工具应与装箱单相符，无缺损及丢失现象。设备主体和零部件等表面应无锈蚀和凹陷等情况。设备充填的保护气体应无泄漏，油封应完好。设备进出口管道应封闭良好，法兰密封面无损伤。

4.2.4　检查结束应按检查情况作好开箱检查记录，对缺件，规格、品种不符及损伤件必须记录清楚，由建设单位和施工单位双方签字确认。

4.3　基础验收、放线

4.3.1　核对基础和有关施工记录，应符合相应基础的技术标准与施工验收规范的要求。

4.3.2　混凝土基础应表面平整，位置、尺寸、标高、预留孔洞、预埋件等均符合设计要求，预埋底板应平整，无空鼓现象。

4.3.3　根据设备底座螺栓孔间距，核实地脚螺栓孔间距是否符合要求。

4.4　测量放线

4.4.1　根据设备螺孔和安装条件在基础上放线。

4.5　设备清洗

4.5.1　清洗范围

油封式、活塞式制冷机如在技术文件规定期限内，经检查外观完整，无损伤和锈蚀现象，只需将缸盖、活塞、气缸内壁、吸排气阀、曲轴箱等拆卸并清洗干净，所有紧固件应牢固，油路均应畅通并更换曲轴箱内的润滑油。如超过技术文件规定期限，或机体有损伤和锈蚀等现象，则必须全面检查并按设备技术文件的规定拆洗装配，调整各部位间隙，并做好记录。

充放保护气体的机组在设备技术文件规定期限内，外观完整和氮封压力无变化的情况下，不作内部清洗，仅作外表擦洗，如需清洗，操作时严禁将水分混入内部。

制冷机组中的浮球阀和过滤器均应检查和清洗。

4.5.2 机组清洗需拆卸零部件时，应测量被拆卸件的装配间隙及有关零部件的相对位置，并做出标记和记录。

4.5.3 机件清洗后，暂时不装配的机件应擦干净，涂上一层润滑油脂后，小机件用油纸包裹，较大机件不宜包装时，可在加工面上覆盖油纸，妥善存放。

4.6 设备就位

4.6.1 机组吊装前应核对设备重量，吊运捆扎应稳固，主要受力点应高于设备重心。吊装具有公共底座的机组，其受力点不得使机组底座产生扭曲和变形。

4.6.2 按照安装地点的条件，利用机房起重设备、汽车吊、各式起重桅杆等将机组吊起，卸下底排，吊移到设备基础上，找正中心，穿上地脚螺栓。

4.6.3 垫铁安装应在机组就位时完成。垫铁应符合设备安装的有关规定。

4.7 找平、找正

4.7.1 机组找平可用方水平等仪器在选定的精加工平面上测量纵横方位水平度。此平面也可用来测量机组标高。各类机型找平用基准面及水平度偏差要求如下：

整体安装的活塞式制冷机组，测量部位应在主轴外露部分或其他基准面上。其机身纵横向水平度允许偏差为 0.2/1000。

离心式制冷机组应在压缩机的机加工平面上找正水平，其纵横向水平度允许偏差均为 0.1/1000。

溴化锂吸收式制冷机组纵横向水平度允许偏差均为 0.5/1000。双筒吸收式制冷机应分别找正上、下筒的水平。

螺杆式制冷机组安装应对机座进行找平，其纵横向水平度允许偏差均为 0.1/1000。

模块式冷水机组安装应对机座进行找平，其纵横向水平度允许偏差均为1/1000。

对于有公共底座的冷水机组，应按主机结构选择适当位置作基准面进行找平。

4.7.2　对机组找正可拉钢丝，用钢板尺测量其直线度、平行度、同轴度。

4.7.3　机组找平、找正如有偏差，可采用调整垫铁组的方法进行。找平、找正完成后，对钢制垫铁组应在垫铁两侧点焊牢。对无垫铁安装设备，可采用油压千斤顶进行调整。

4.8　设备固定

4.8.1　机组找平找正后，对称拧紧地脚螺栓，拧紧地脚螺栓后的安装精度，应在允许偏差之内。

4.8.2　设备找正后，应及时进行二次灌浆。灌浆用混凝土强度等级应高一级，并应捣固密实。混凝土达到规定强度后，再次找平。

4.8.3　开、停机时易产生较大振动的离心式、活塞式等冷水机组，固定应牢固，底座与设备主体间应设隔振器，或采用减振支座。

5　质量标准

5.1　主控项目

5.1.1　制冷设备、制冷附属设备的型号、规格等必须符合设计要求，并具有出厂合格证、检验记录或质量证明书。

5.1.2　设备的混凝土基础必须进行质量交接验收，合格后方可安装。

5.1.3　设备安装的位置、标高和管口方向必须符合设计要求。用地脚螺栓固定的制冷设备或制冷附属设备，其垫铁放置位置正确，接触紧密，螺栓必须拧紧并应设有防松装置。

5.1.4　直接膨胀表面式冷却器的表面应保持清洁、完整，并应保证空气与制冷剂是逆向流动；表面式冷却器四周的缝隙应堵严，冷凝水排队应畅通。

5.1.5　燃油系统的设备与管道，以及储油罐及日用油箱的坐落位置和安装应符合设计与防火要求。

5.1.6　燃气系统安装应符合设计和消防要求，调压装置、过滤器的安装和调节应符合设备技术文件的规定，且应可靠接地。

5.1.7　制冷设备的各项严密性试验和各类试运行的技术数据，均应符合设备技术文件的规定。对组装式的制冷机组和现场充注制冷剂的机组，必须进行吹污、气密性试验、真空试验和充注制冷剂检漏试验，其相应的技术数据必须符合产品技术文件和有关现行国家标准、规范的规定。

5.2 一般项目

5.2.1 制冷设备及制冷附属设备安装允许偏差应符合表11-1的规定。

制冷设备与制冷附属设备安装允许偏差和检验方法 表 11-1

项次	项目	允许偏差	检验方法
1	平面位移	10mm	经纬仪或拉线或尺量检查
2	标高	±10mm	水准仪或经纬仪、拉线和尺量检查

5.2.2 整体安装的制冷机组，其机身纵、横向水平度的允许偏差为1/1000，并应符合设备技术文件的规定。

5.2.3 制冷附属设备安装的水平度或垂直度允许偏差为1/1000，并应符合设备技术文件的规定。

5.2.4 采用隔振安装的制冷设备或制冷附属设备，其隔振器安装位置应正确，各个隔振器的压缩量应均匀一致，偏差不应大于2mm。

5.2.5 设置弹簧隔振的制冷机组，应设有防止机组动行时水平移动的定位装置。

5.2.6 多台横块式冷水机组单元并联组合时，连接后的机组外壳应完好无损，表面平整，接口牢固，严密不漏。

5.2.7 燃油系统油泵和蓄冷系统的载冷剂泵安装的纵、横向水平度偏差不应大于1/1000，联轴器轴向倾斜应不大于0.2/1000，径向位移不大于0.05mm。

5.2.8 制冷机组安装操作工艺尚应符合通用机械设备安装工艺标准要求，按照现行国家标准《机械设备安装工程施工及验收通用规范》GB 50231—2009、《制冷设备、空气分离设备安装工程施工及验收规范》GB 50274—2010有关规定执行。

6 成品保护

6.0.1 设备搬运和吊装应轻起轻放，不得倒置。对于公用底座机组的吊装，其受力点不得使机座产生扭曲和变形。吊索与设备接触部位要用软质材料衬垫，防止设备、仪表及其他附件受损或擦伤表面油漆及保温层。

6.0.2　设备安装结束，尚未交工前应用塑料布将设备覆盖，防止土建抹灰、喷涂污损设备。所有管口在配管前均应妥善封闭。

6.0.3　管道与机组连接后，不得再在管道上进行焊接和气割；如需焊接和气割时，应拆下管路或采取必要措施，防止焊渣进入设备内。

7　注意事项

7.1　应注意的质量问题

7.1.1　设备就位、吊装所用起重机具和索具应符合技术要求，严禁超载使用。使用前应先检查，起吊前应试吊，确认安全后再吊装。

7.1.2　设备试车时，必须执行有关技术文件和规范的规定。

7.2　应注意的安全问题

7.2.1　施工现场用电应符合安全生产的有关规定。

7.2.2　在室外如遇六级以上大风时，禁止一切吊装作业；对高大设备和吊升到较高处设备，风力达五级时应停止吊装作业。

7.2.3　设备清洗场地应有禁火标记，严禁烟火并应清除易燃物品，准备好消防灭火器材。

7.2.4　使用酸、碱洗液清洗时，操作人员应有防护用品，操作场地通风良好。

8　质量记录

8.0.1　设备及附件出厂质量证明文件。

8.0.2　场开箱检验记录。

8.0.3　基础验收、测量放线记录表。

8.0.4　设备安装记录。

8.0.5　设备试运转记录。

8.0.6　制冷机组及附属设备安装分项工程质量验收记录。

第12章　冷却塔安装

本工艺标准适用于工业与民用空调工程中的冷却塔的安装。

1　引用标准

《通风与空调工程施工质量验收规范》GB 50243—2016

《通风与空调工程施工规范》GB 50738—2011

2　术语（略）

3　施工准备

3.1　作业条件

3.1.1　冷却塔吊装应有经批准的吊装方案。

3.1.2　土建完工，场地平整，道路畅通。

3.1.3　施工前，施工员须对施工小组进行书面技术、质量、安全交底。

3.1.4　施工人员应认真阅读设备说明书及装配图和其他有关技术文件，了解设备技术性能和特点。

3.2　材料及机具

3.2.1　橡胶减振垫应具有产品合格证。垫铁应平整，无氧化皮。

3.2.2　施工机具：汽车吊、倒链、千斤顶、钢丝绳、电焊机、冲击电钻、砂轮切割机、扳手等机具；水准仪、红外激光水平仪、线坠墨斗、不锈钢直尺、钢盘尺、角尺、塞尺等测量放线用具。

4　操作工艺

4.1　工艺流程

开箱检查 → 基础验收 → 测量放线 → 设备就位 → 找平找正 → （K）设备固定

注：K——质量检测控制点。

4.2　开箱检查

4.2.1　设备安装前应进行开箱检查，开箱检查人员应由建设、监理、施工单位代表组成。

4.2.2　开箱检查内容：设备型号、规格符合设计图纸要求，零件、部件、附属材料和专用工具应与装箱单相符，无缺损及丢失现象。设备进出口管道应封闭良好，法兰密封面无损伤。

4.2.3　检查结束应按检查情况作好开箱检查记录，对缺件，规格、品种不符及损伤件必须记录清楚，由建设单位和施工单位双方签字确认。

4.3　基础验收

4.3.1　核对基础和有关施工记录，应符合相应基础的技术标准与施工验收规范的要求。

4.3.2　混凝土基础应表面平整、位置、尺寸、标高、预埋件等均符合设计要求，预埋底板应平整，无空鼓现象。

4.4　测量放线

4.4.1　根据设备底座螺栓孔间距，核实地脚螺栓孔间距是否符合要求。

4.5　设备就位

4.5.1　冷却塔吊装前，应核对设备重量，吊运捆扎应稳固，主要受力点应高于设备重心。

4.5.2　按照安装地点的条件，利用起重设备、汽车吊、各式起重桅杆等将冷却塔吊起，卸下底排，吊移到设备基础上。

4.5.3　成排冷却塔就位时，先在基础上用红外激光水平仪放一条线，使所有冷却塔保证在一条线上。

4.5.4　垫铁安装应在冷却塔就位时完成。垫铁应符合设备安装的有关规定。

4.6　找平找正

4.6.1　冷却塔找平，可用方水平等仪器在选定的精加工平面上测量纵、横方位水平度。

4.6.2　对冷却塔找正可拉钢丝，用钢板尺测量其直线度、平行度、同轴度。

4.6.3　冷却塔找平找正如有偏差，可采用调整垫铁组的方法进行。找平找正完成后，对钢制垫铁组应在垫铁两侧点焊牢。对无垫铁安装设备，可采用油压千斤顶进行调整。

4.7 设备固定

4.7.1 冷却塔找平找正后，对称拧紧地脚螺栓，拧紧地脚螺栓后的安装精度，应在允许偏差之内。

4.7.2 设备找正后，应及时进行二次灌浆。灌浆用混凝土强度等级应高一级，并应捣固密实。混凝土达到规定强度后再次找平。

4.7.3 如冷却塔固定采用焊接连接时，应先在每个焊接部位先点焊。

5 质量标准

5.1 主控项目

5.1.1 冷却塔的技术参数、产品性能等应符合设计要求，并具有出厂合格证、检验记录或质量证明书。

5.1.2 设备的混凝土基础必须进行质量交接验收，合格后方可安装。

5.1.3 设备安装的位置、标高和管口方向，必须符合设计要求。用地脚螺栓固定的冷却塔，其垫铁放置位置正确，接触紧密，螺栓必须拧紧并应设有防松装置。

5.2 一般项目

5.2.1 冷却塔安装应符合下列规定：

冷却塔基础的位置、标高应符合设计要求，允许误差应为±20mm，进风侧距建筑物应大于1m。冷却塔部件与基座的连接应采用镀锌或不锈钢螺钉，固定应牢固。

冷却塔安装应水平，单台冷却塔的水平度和垂直度允许偏差应为2‰。多台冷却塔安装时，排列应整齐，各台开式冷却塔的水面高度应一致，高度偏差值不应大于30mm。当采用共用集管并联运行时，冷却塔积水盘（槽）之间的连通管应符合设计要求。

冷却塔的积水盘应严密、无渗漏，进、出水口的方向和位置应正确。静止分水器的布水应均匀；转动布水器喷水出口方向应一致，转动应灵活、水量应符合设计或产品技术文件的要求。

冷却塔风机叶片端部与塔身周边的径向间隙应均匀。可调整角度的叶片，角度应一致，并应符合设计和产品技术文件的要求。

组装的冷却塔，其填料的安装应在所有电、气焊接作业完成后进行。

有水冻结危险的地区，冬季使用的冷却塔及管道应采取防冻与保温措施。

6　成品保护

6.0.1　设备搬运和吊装应轻起轻放，不得倒置。吊索与设备接触部位要用软质材料衬垫，防止设备、仪表及其他附件受损或擦伤表面油漆及保温层。

6.0.2　设备安装结束，尚未交工前应用塑料布将设备覆盖。所有管口在配管前均应妥善封闭。

6.0.3　管道与冷却塔连接后，不得再在管道上进行焊接和气割；如需焊接和气割时，应拆下管路或采取必要措施，防止焊渣通过管道进入设备内。

7　注意事项

7.1　应注意的质量问题

7.1.1　设备就位、吊装所用起重机具和索具应符合技术要求，严禁超载使用。使用前应先检查，起吊前应试吊，确认安全后再吊装。

7.1.2　设备试车时必须执行有关技术文件和规范的规定。

7.2　应注意的安全问题

7.2.1　施工现场用电应符合安全生产的有关规定。

7.2.2　在室外如遇六级以上大风时，禁止一切吊装作业；对高大设备和吊升到较高处设备，风力达五级时应停止吊装作业。

7.2.3　场地应有禁火标记，严禁烟火并应清除易燃物品，准备好消防灭火器材。

8　质量记录

8.0.1　设备及附件出厂质量证明文件。

8.0.2　现场开箱检验记录。

8.0.3　基础验收、测量放线记录表。

8.0.4　设备安装记录。

8.0.5　设备试运转记录。

8.0.6　设备安装分项工程质量验收记录。

第13章 水泵安装

本工艺标准适用通风空调工程的水泵安装。

1 引用标准

《通风与空调工程施工质量验收规范》GB 50243—2016

2 术语（略）

3 施工准备

3.1 作业条件

3.1.1 土建完工，场地平整，道路畅通，机房已经封闭。

3.1.2 施工人员应认真阅读设备说明书及装配图和其他有关技术文件，了解设备技术性能和特点。

3.2 材料及机具

3.2.1 减振器应具有产品合格证，并核对减振器型号规格是否符合设备选型技术要求。

3.2.2 施工机具：倒链、千斤顶、钢丝绳、电焊机、扳手等机具；水平、水准仪、线坠墨斗、不锈钢直尺、钢盘尺、角尺、塞尺等测量放线用具。

4 操作工艺

4.1 工艺流程

开箱检查 → 基础验收 → 测量放线 → （K）设备就位、固定

注：K——质量检测控制点。

4.2 开箱检查

4.2.1 设备安装前应进行开箱检查，开箱检查人员应由建设、监理、施工

单位代表组成。

4.2.2　开箱检查设备型号、规格符合设计图纸要求。

4.3　基础验收

4.3.1　核对基础和有关施工记录，应符合相应基础的技术标准与施工验收规范的要求。

4.3.2　混凝土基础应表面平整，位置、尺寸、标高等均符合设计要求。

4.3.3　基础的表面平整度不得大于 2mm/m。

4.4　测量放线

4.4.1　根据设备及减震器尺寸在基础上放线。

4.5　设备就位、固定

4.5.1　在减振器下方加设相应厚度的钢板，土建在基础抹灰时，保证减振器底面与基础面正好相平。

4.5.2　对减振要求较高的场合水泵可设置整体式减振台板，减振台板与基础间设置减振器。

4.5.3　水泵底座或减振台板安装后应设置限位装置，防止水泵水平位移。

5　质量标准

5.1　主控项目

5.1.1　水泵的规格型号技术参数应符合设计要求和产品性能指标，水泵正常连续试运行时间，不应少于 2h。

5.2　一般项目

5.2.1　水泵的平面位置和标高允许偏差为±10mm，安装的地脚螺栓应垂直、拧紧，且与设备底座接触紧密；

5.2.2　垫铁组放置位置正确、平稳，接触紧密，每组不超过 3 块；

5.2.3　整体安装的泵，纵向水平偏差不应大于 0.1/1000，横向水平偏差不应大于 0.20/1000；解体安装的泵纵、横向安装水平偏差均不应大于 0.05/1000；

5.2.4　水泵与电机采用联轴器连接时，联轴器两轴芯的允许偏差，轴向倾斜不应大于 0.2/1000，径向位移不应大于 0.05mm；

5.2.5　小型整体安装的管道水泵不应有明显偏斜；

5.2.6　减振器与水泵基础连接牢固、平稳、接触紧密。

6 成品保护

6.0.1 水泵安装完毕后,水泵进出口应临时封堵,避免杂物等掉到水泵中。

6.0.2 水泵在单机调试前需注意环境湿度,避免电机受潮,影响绝缘性能。

7 注意事项

7.1 应注意的质量问题

7.1.1 水泵安装后试运行前,需先进行手动盘车,盘动水泵叶轮与泵壳无卡塞、碰撞现象后,方可通电进行单机试运行。

7.1.2 水泵单机试运行时应及时测量轴承温升,温升应在规范允许范围内。

7.1.3 水泵外壳应按照设计要求设置外壳接地。

7.2 应注意的安全问题

7.2.1 水泵安装过程中需配合得当,搬运或抬动水泵时号令一致,避免挤伤。

7.2.2 水泵单机试运行前应编制专项调试方案,经审批同意后方可实施。

8 质量记录

8.0.1 水泵出厂合格证、质量检验报告。

8.0.2 现场开箱检验记录。

8.0.3 基础验收、测量放线记录表。

8.0.4 水泵安装记录。

8.0.5 水泵试运转记录。

第14章 空调水系统管道与附件安装

本工艺标准适用于输送制冷剂、润滑油，冷（热）媒水、冷却水、冷凝水系统管道的安装。

1 引用标准

《通风与空调工程施工质量验收规范》GB 50243—2016

《通风与空调工程施工规范》GB 50738—2011

2 术语（略）

3 施工准备

3.1 作业条件

设计施工图、技术文件齐全，已进行书面的质量、安全、技术交底，特殊工种人员培训完毕。

3.2 材料及机具

3.2.1 管材与焊条应符合设计要求，应有产品合格证或质量证明文件，制冷系统的各种阀件必须符合设计要求，并有产品合格证。

3.2.2 阀门安装前要核实规格，型号应与设计图纸相符，阀门应进行清洗，阀门单体应进行强度和气密性试验，如具有产品合格证，进出口封闭良好，在技术文件规定的期限内，可不做解体清洗和强度严密性试验。

3.2.3 主要施工设备，卷扬机、空压机、电焊机、套丝机、压槽机、真空泵、坡口机、砂轮切割机、台钻。

3.2.4 砂轮磨光机、倒链、电锤、铜管扳边器、手锯、套板、管钳子、扳手、钢卷尺、角尺、水平尺、铁锤、气焊工具等。

3.2.5 常用检测工具：温度计、U 形压力计、大气压力计、压力表、旋塞阀、橡皮软管等。

4 操作工艺

4.1 工艺流程

支、吊架制作、安装 → 管道与附件安装 → 压力试验 → 系统冲洗

4.2 支、吊架制作、安装

4.2.1 空调水管道的支架一般采用经防腐处理的木垫式支架隔热，木垫厚度与保温层厚度相同，木垫下边宜与钢支架用木螺钉连接固定。木支座一般采用下方上圆方式，把钢支架与管子隔开，衬垫结合面的空隙应填实。外用抱箍固定于支架上。

4.2.2 管道支、吊架的形式、位置、间距、标高应符合设计要求，连接制冷机的吸、排气管道须设单独支架。管径小于或等于 20mm 的铜管，在阀门等处应设置支架，管道上下平行敷设时，冷管道应在下边。

4.2.3 冷冻水管道按照设计要求的坡度，测量定位埋设支架，水平管道活动支架的距离不得超过表 14-1 规定的距离。

管道活动支架最大间距   表 14-1

公称直径（mm）		15	20	25	32	40	50	70	80	100	125	150
支架间距（m）	保温管	1.5	2	2	2.5	3	3	4	4	4.5	5	6
	不保温管	2.5	3	3.5	4	4.5	5	6	6	6.5	7	8

4.2.4 冷冻水管道固定支架的安装严格按照设计要求，并特别注意转弯处及膨胀节两侧的支架是否牢靠。

4.2.5 冷冻水管道安装挂线找坡度以管底线为准，避免管子变径而造成支架与管底不贴合。

4.2.6 冷冻水管道支架安装用水平尺找平，支架栽埋深度应不小于 120mm，用 1∶3 水泥砂浆堵塞。

4.3 管道与附件安装

4.3.1 安装停顿期间对管道开口应采取封闭保护措施。

4.3.2 冷冻水管如设计坡度无要求，可按坡度不小于 2/1000 向上坡。

4.3.3 冷冻水管道法兰垫料，一般采用橡胶板。衬垫外圆，不得超过螺栓

孔，不得使用满垫、双层垫和斜垫。

4.3.4　冷冻水管道采用焊接连接时，法兰安装必须内外口两面焊。法兰宜与阀件用螺栓预组装，与管道点焊固定后，再卸下进行焊接以保证位置正确，贴合严密。

4.3.5　法兰盘应安装在拆装方便的位置上，一般与周围障碍物净距不小于 80～150mm，紧固螺栓时，应用机油将螺栓浸润。把紧螺栓应按对角线交替紧固，螺栓外露长度一致，螺帽应放在同一侧。

4.3.6　管道螺纹加工应采用机油润滑，输送介质温度在 100℃ 以下的管道连接丝头，可涂抹铅油或防锈漆，顺丝扣缠少许白麻。100℃ 以上的管道不得缠麻。上完的接头应除净外面的油麻。

4.3.7　管道沟槽连接时，沟槽式管接头采用的平口端环形沟槽必须采用专门的压槽机加工成型。可在施工现场按配管长度进行沟槽加工。钢管最小壁厚和沟槽尺寸、管端至沟槽边应符合图 14-1、表 14-2 规定。

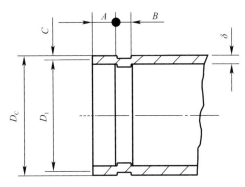

图 14-1　钢管沟槽尺寸图

钢管最小壁厚和沟槽尺寸（mm）　　　　　　　表 14-2

公称直径 DN	钢管外径 D_e	最小壁厚 δ	管端至沟槽边尺寸 $A^{+0.0}_{-0.5}$	沟槽宽度 $B^{+0.5}_{-0.0}$	沟槽深度 $C^{+0.5}_{-0.0}$	沟槽外径 D_1
50	57	3.50	14.5			52.6
50	60	3.50				55.6
65	76	3.75				71.6
80	89	4.00				84.6
100	108	4.00		9.5	2.2	103.6
100	114	4.00				109.6
125	133	4.50				128.6
125	140	4.50	16			135.6
150	159	4.50				154.6
150	165	4.50				160.6
150	168	4.50				163.6

续表

公称直径 DN	钢管外径 D_e	最小壁厚 δ	管端至沟槽边尺寸 $A_{-0.5}^{+0.0}$	沟槽宽度 $B_{-0.0}^{+0.5}$	沟槽深度 $C_{-0.0}^{+0.5}$	沟槽外径 D_1
200	219	6.00			2.5	214.0
250	273	6.50	19			268.0
300	325	7.50				319.0
350	377	9.00		13		366.0
400	426	9.00			5.5	415.0
450	480	9.00	25			469.0
500	530	9.00				519.0
600	630	9.00				619.0

注：表内钢管的公称压力 PN 均不小于 2.5MPa。

4.3.8 冷冻水管道系统应在该系统最高处，且便于操作的部位设置放气阀。在最低处应设泄水阀，供水、回水管间设连通阀。

4.3.9 冷冻水管道与泵的连接应采用弹性连接，在管道处设置独立支架。

4.3.10 冷凝水的水平管应坡向排水，坡度应符合设计要求。当设计无规定时，其坡度宜大于或等于 8/1000。软管连接应牢固，不得有瘪管和强扭。冷凝水系统的渗漏试验可采用充水试验，从凝水盘灌入水，沿线检查，无渗漏为合格。冷凝水排放应按设计要求安装水封弯管。

4.3.11 冷冻水管、冷凝水管应绝热保温，以防散热或结露，冷却水管根据设计要求而定。

4.3.12 液体支管不得从管线上侧引出，气体支管不得从管线下侧引出。有两根以上的支管与干管相接，连接部位应相互错开，间距不应少于 2 倍支管直径，且不宜小于 200mm。

4.3.13 与制冷压缩机或其他设备相连接的管道不得强迫对口。

4.3.14 管道穿墙体或楼板处应设钢套管，钢套管应与墙面或楼板底面平齐，但应比地面高出 20mm。管道与套管的空隙应用隔热或其他不燃材料堵塞，不得将套管作为管道的支撑。

4.3.15 不同管径管子直线焊接时，应采用同心异径管。各设备之间连接管道，其坡度及坡向应符合设计要求，如设计无规定，氟利昂压缩机的吸气水平管应坡向压缩机，坡度为 10/1000；排气管坡向油分离器，坡度为 ≥10/1000，氨压缩机的吸气水平管应坡向蒸发器，坡度大于或等于 ≥3/1000。

4.3.16　安全阀放空管排放口应朝向安全地带。

4.3.17　铜管安装尚应符合下列规定：

1　铜管切口表面平整，切口平面允许倾斜偏差为 $1\%D$。

2　铜弯管的椭圆率不应大于 8%。

3　铜管管口翻边应保持同心，并应有良好的密封面。

4　铜管可采用对焊、承插式焊接及套管式焊接，其中承口的扩口深度不应小于管径，扩口方向应迎介质流向。

4.3.18　阀门及附件安装应符合下外规定：阀门的安装位置、方向与高度符合设计要求，不得反装。安装带手柄的手动截止阀、手柄不得向下。电磁阀、调节阀、热力膨胀阀、升降式止回阀等的阀头均应向上竖直安装。热力膨胀阀的安装位置应高于感温包。感温包应安在蒸发器末端的回气管上，与管道接触良好，绑扎紧密，并用绝热材料密封包扎，其厚度宜与管道绝热层相同，自控阀门须按设计要求安装，在连接封口前应作开启动作试验。

4.3.19　仪表安装前先要查验出厂合格证，并到计量部门用标准仪表校核后方可安装，仪表要安装在便于观察，易于维修的地方。

4.4　压力试验

4.4.1　冷冻水管道安装完毕后应进行水压试验，冷冻水系统和冷却水系统试验压力：当工作压力小于等于 1MPa 时，为 1.5 倍工作压力，最低不小于 0.6MPa；当工作压力大于 1MPa 时，为工作压力加 0.5MPa。水压试验时，在 10min 内，压力下降不大于 0.02MPa，再将系统压力降至工作压力，且外观检查无渗漏为合格。

4.5　系统冲洗

4.5.1　冷冻水管道试压完成后，应进行冲洗，冲洗过程中不能泥水通过设备（目测：以排出口的水色和透明度与入水口对比相近，无可见杂物），系统循环冲洗清洁后方能与制冷设备和空调设备相连。

5　质量标准

5.1　主控项目

5.1.1　空调水系统的设备与附属设备、管子、管配件及阀门的型号、规格、材质及连接形式必须符合设计规定。

5.1.2 管道安装必须符合下列规定：

1 埋地或位于结构内的隐蔽管道必须按本书要求。

2 管道系统安装完毕，外观检查合格后，应进行压力试验。压力试验应符合设计和以下规定：

1) 凝结水系统采用充水试验，应以不渗漏为合格。

2) 对于大型或高层建筑垂直位差较大的冷（热）媒水、冷却水管道系统宜采用分区、分层试压和系统试压相结合的方法。

3) 系统试压：在各分区管道与系统主、干管完整连接后，对整个系统管道进行试压。测压表应在系统的最低处与最高点各设一块。对高层建筑垂直位差较大的系统，应将水的静压计入试验压力中，试验压力以最高点的压力为准，但最低点的压力不得超过管道与组成件的承受力（如将设备接入，须保证不超过设备的最大试验压力）。

4) 冷（热）媒水及冷却水系统应在系统中冲洗、排污合格（以排出口的水色和透明度与入水口目测对比），循环试运行不少于 2h，且水质正常后才能与制冷机组、空调设备相贯通。

3 与设备连接的管道，应在设备安装完毕后进行，水泵、制冷机组、空调机组的接管必须为柔性接口。柔性短管不得强行拉伸对口连接，并在管道处，设置独立支架。

4 在靠近补偿器（膨胀节）的部位必须设置固定支架，其结构形式和固定位置应符合设计要求（或经设计的认可），并应在补偿器预拉伸（或预压缩）前固定；在另一侧 4 倍管径范围内加设导向支架。

5 焊接、镀锌钢管不得采用热煨弯。

6 固定在建筑结构上的管道支、吊架，不得影响结构的安全。管道穿越墙体或楼板处应设钢制套管，管道接口不得置于套管内，钢制套管应与墙体饰面或楼板底部平齐，上部应高出楼板 20mm，并不得将套管作为管道支撑。

7 保温管道与支架之间应垫以绝热衬或经防腐处理的木衬垫，其厚度应与绝热层厚度相同，衬垫接合面的空隙应填实。

检查数量：系统全数检查，管、部件按总数抽查 20%，不少于 5 件。

检验方法：对照图纸逐项观察、测量检查；检查充水试验或水压试验；旁站观察或查阅验证试验记录、隐蔽工程记录。

5.1.3　阀门及其他部件安装:

1　阀门的安装位置、进出口方向、高度必须符合设计要求,连接应牢固紧密。

2　阀门安装前必须进行外观检查,阀体的铭牌应符合《通用阀门标志》GB 12220 的规定。对于公称压力大于 1MPa 以及在主干管上起到切断作用的阀门必须进行强度和严密性试验,合格后方准使用。其他阀门可不单独进行试验,以后在系统试压中检验。

3　强度试验时,试验压力为公称压力的 1.5 倍,压力持续最短时间不少于 5min,阀门的壳体、填料应无渗漏。

4　严密性试验时,试验压力为公称压力的 1.1 倍;试验压力在试验持续的时间内应保持不变,时间应符合表 14-3 的规定,以阀瓣密封面无渗漏为合格。

阀门压力持续时间　　　　　　　　　　表 14-3

公称直径 DN（mm）	最短试验持续时间（s）	
	严密性试验	
	金属密封	非金属密封
≤50	15	15
65～200	30	15
250～450	60	30
≥500	120	60

5　补偿器的补偿量和安装位置必须符合设计要求,并应按设计计算的补偿量进行预拉伸或预压缩。

6　安装在保温管道上的各类手动阀门,手柄均不得向下。

检查数量:以每批(同牌号、同规格、同型号)数量中抽查 20%,且不少于一个。对于安装在主干管上起切断作用的闭路阀门,应全数检查。

5.2　**一般项目**

5.2.1　当空调冷(热)媒水、冷却水、冷凝水系统,采用建筑用硬聚氯乙烯(PVC-U)、聚丙烯(PP-R)与交联聚乙烯(PEX)等管道时,其连接方法应符合根据设计的规定。

硬聚氯乙烯(PVC-U)管道与管件,可采用承插粘接和橡胶密封圈连接,插接应有一定的深度，插口处宜为 15°～30°的坡口，坡口厚度为管壁的 1/3～1/2；管道承插粘接应采用聚氯乙烯溶剂型胶粘剂，当管径小于 70mm 时，黏度大于等于 0.09Pa·s（23℃）；管径大于等于 70mm 时，黏度大于等于 0.5Pa·s（23℃），固化 72h 后粘接剪切强度大于等于 6.0MPa。

聚丙烯（PP-R）管道与管件，可采用热熔连接，与金属管件连接应采用带金属嵌件的管件过渡，采用丝扣连接。热熔的深度应符合表 14-4 的规定。

交联聚乙烯（PEX）管道与管件，可采用卡箍式和卡套式连接，小于或等于 25mm 时，宜为卡箍式、大于或等于 32mm 时，为卡套式连接。

聚丙烯（PP-R）管道热溶的深度（mm） 表 14-4

公称外径	20	25	32	40	50	63
热熔深度	14	16	18	20	22	24

5.2.2 金属管道的焊接应符合下列规定：

管道对接焊口的组对和坡口形式等应符合《通风与空调工程施工质量验收规范》GB 50243—2016。

管道每道焊口焊完后，应将焊缝表面清理干净，进行外观质量检查。焊缝外观质量不得低于《现场设备、工业管道焊接工程施工规范》GB 50236 中规定。

管道焊接质量允许偏差 表 14-5

目次	项目	内容		允许偏差	检查方法
1	焊接平直度	$\delta \leqslant 10mm$		$5/\delta$	用尺和样板尺测量
2	焊缝加强厚	余高		0～+2	用尺和焊接尺测量
		宽度		0～+2	
3	咬肉	深度		<0.5	
		连续长度		25	
		总长度 L（两侧）小于焊缝总长		L/10	

注：δ 为管壁厚，L 为焊缝总长。

5.2.3 管道的安装应符合下列规定：

螺纹连接管道的螺纹清洁、规整，断丝或缺丝不大于螺纹全扣数的 10%；连接牢固；接口处的螺纹根部有外露螺纹 2～3 扣，无外露填料；镀锌管道的镀锌层应避免破损，对破损处应作防腐处理。

法兰连接管道的法兰与管子中心线垂直，对接应平行，其偏差不大于 1.5/1000 且不得大于 2mm。连接螺栓长度应一致，螺母在同侧、均匀拧紧。紧固后的螺栓应不低于螺母平面。法兰衬垫材质、厚度应符合设计的要求。

管子和管件在安装前应将内、外壁的污物和锈蚀清除干净。当管道安装间断时，应及时封闭敞开的管口。

塑料管熔接连接、承插黏接和橡胶密封圈、卡箍式和卡套式应牢固、平整，符合本标准第 4.2.1 的规定。

管道弯管弯制的弯曲半径，热弯应不小于管道外径的 3.5 倍、冷弯应不小于 4 倍；焊接弯管应不小于 1.5 倍；冲压弯管应不小于 1 倍。弯管的最大外径与最小外径的差应不大于管道外径的 8/1000，管壁减薄率不大于 15％。

冷凝水排水管坡度，当设计无规定时，其坡度宜大于或等于 8/1000，当受到建筑层高限制时，应分区段排放。

风机盘管空调机组与其他空调设备机组进、回水口与管道的连接，宜采用弹性接管或软接管（金属或非金属软管），耐压值应≥1.5 倍的系统工作压力，连接应牢固、不可强扭和瘪管。软管长度宜控制在 150mm 以内。

冷（热）管道与支吊架之间应垫以绝热衬垫，（高密度难燃硬质绝热材料或经防腐处理的木衬垫），其厚度应不小于绝热层厚度，表面平整、衬垫接合面的空隙应填实。

5.2.4　金属管道的支、吊架的型式、位置、间距、标高应符合设计或有关的技术标准的要求。设计无规定时，应符合下列规定：

支、吊架的安装应平整牢固，与管道接触紧密。管道与设备连接外应设独立支、吊架。

冷（热）媒水、冷却水系统管道机房内干管的支、吊架，应采用承重防晃管架；与设备连接管架宜有减振措施。当水平支管的管架采用单杆吊架时，应在管道起始点、阀门、三通、弯头及长度每隔 15m 处设置承重防晃支、吊架。

无热位移管道，其吊杆应垂直安装，有热位移的管道，其吊杆应向热膨胀（或冷收缩）的反方向偏移安装，偏移量按计算确定。

滑动支架的滑动面应洁净、平整，其安装位置应从支撑面中心向位移反方向偏移 1/2 位移值或符合设计文件规定。

竖井的立管，除一般卡架外，每隔二至三层应设导向支架。水平安装管道支、吊架的间隔距离应符合表 14-6 的规定。

钢管道支、架的最大间距　　　　　　　　　表 14-6

公称直径（mm）		15	20	25	32	40	50	70	80	100	125	150	200	250	300
支架的最大间距（m）	保温管	1.5	2.0	2.0	2.5	3.0	3.5	4.0	5.0	5.0	5.5	6.5	7.5	8.5	9.5
	不保温管	2.5	3.0	3.5	4.0	4.5	5.0	6.0	6.5	6.5	7.5	7.5	9.0	9.5	10.5

注：1. 对大于 300mm 的管道，可参考 300mm 管道。

2. 适用于工作压力不大于 2.0MPa，不保温或保温材料密度不大于 $200kg/m^3$ 的管道系统。

管道支、吊架的焊接应由合格持证焊工施焊，并不得有漏焊、欠焊或焊接裂纹等缺陷。支架与管道焊接时，管子侧咬边应小于 0.1 管壁厚。

检查数量：按系统支架数量抽查 5%，不少于 5 个。

检查方法：观察检查。

5.2.5 采用建筑用硬聚氯乙烯（PVC-U）、聚丙烯（PP-R）与交联聚乙烯（PEX）等管道时，支、吊架的间距应符合表 14-7 的规定。

非金属管道支、吊架的最大间距　　　　　　　表 14-7

公称管径（mm）		20	25	32	40	50	63	70	80	110
最大间距（m）	冷水立管	900	1000	1100	1300	1600	1800	2000	2200	2400
	热水立管	400	450	520	650	780	910	1040	1560	1700
	冷水水平管道	600	700	800	900	1000	1100	1200	1350	1550
	热水水平管	300	350	400	500	600	700	800	1200	1300

5.2.6 系统中的阀门、过滤器、焦气罐、自动排水装置、除污器（水过滤器）等管道部件的安装位置应便于操作及符合设计要求，并应符合下列规定：

阀门安装的进出口方向应正确，连接应牢固、紧密，启闭灵活，操作方便，排列整齐、美观，成排阀门在同一平面上的允许偏差为 3mm。电动、自控阀门在安装前应进行单体调试和启、闭动作试验。

补偿器与管道连接牢固、严密，安装位置应能满足补偿器伸缩空间的要求。

冷冻水和冷却水的除污器（水过滤器）应安装在进机组前的管道上，方向正确且便于清污。与管道连接牢固、严密，其安装位置应便于滤网的拆装和清洗。过滤器滤网的材质、规格和包扎方法应符合设计要求（用于制冷机前的滤网孔径为 3~4mm、空调器的为 2.5mm、风机盘管的为 1~1.5mm）。

集气罐、自动排水装置的安装位置符合设计规定，排气（水）管应接到指定位置排放。

闭式系统管路应在系统最高处及所有可能积聚空气的高点设置排气阀，在管路最低点应设置排水管及排水阀。

静电、电子水处理器的型号、规格、安装位置及连接方式还应符合产品说明书要求。

5.2.7 钢塑符合管道的安装。当系统工作压力不大于 1.0MPa 时，可采用涂（衬）塑焊接钢管螺纹连接，与管道配件的连接深度和扭矩应符合表 14-8 的规定；当系统工作压力为 1.0～2.5MPa 时，可采用涂（衬）塑无缝钢管法兰连接或沟槽式连接，管道配件均为无缝钢管涂（衬）塑管件。

钢塑复合管螺纹连接深度及紧固扭矩　　　　　　　　表 14-8

公称直径（mm）		15	20	25	32	40	50	65	80	100
螺纹连接	深度（mm）	11	13	15	17	18	20	23	27	33
	牙数	6.0	6.5	7.0	7.5	8.0	9.0	10.0	11.5	13.5
扭矩（N·m）		40	60	100	120	150	200	250	300	400

5.2.8 沟槽式连接的管道，其沟槽与橡胶密封圈、卡箍套必须为配套合格产品，支吊架的间距应符合表 14-9 的规定。

沟槽式连接管道的沟槽及支架、吊架的间距　　　　　表 14-9

公称直径（mm）	沟槽深度（mm）	允许偏差（mm）	支、吊架的间距（m）	端面垂直度允许偏差（mm）
65～100	2.20	0～+0.3	3.5	1.0
125～150	2.20	0～+0.3	4.2	
200	2.50	0～+0.3	4.2	
225～250	2.50	0～+0.3	5.0	1.5
300	3.0	0～+0.5	5.0	

6　成品保护

6.0.1 管道除锈防腐后应封堵管口，放在干燥通风环境中，吹扫完的管道所有口都封死。

6.0.2 合理安排工序，减少与土建、装修交叉作业机会。

6.0.3 严禁在已安装好的管道上承重。

6.0.4 管道保温后，严禁踩踏或产生水泡等。

7 注意事项

7.1 应注意的质量问题

7.1.1 衬塑、涂塑等管道压槽及套丝时严禁将衬塑层及涂塑层破坏，避免运行时间久后，衬塑层及涂塑层脱落引起管道堵塞。如有脱落现象，应采取相应的措施。

7.1.2 阀门、法兰接口垫料渗气，不严密。尽量选用高标准的垫料，螺栓要用力对称拧紧。

7.1.3 冬季栽支架等用水泥砂浆，应用热水掺入适量的食盐或氯化钙，以保证砂浆在结冻前凝固。

7.1.4 钢管焊接前应先修口、清根，管道端面的坡口角度、钝边，间隙如《通风与空调工程施工规范》GB 50738—2011 表 11.2.4-1。

7.2 应注意的安全问题

7.2.1 管工施工前要检查机具，配合电焊要穿绝缘鞋，带防护手套和眼镜，抬运管子绳扣要牢固，步调一致，管子对口，不准用手搬住管口移动，以免管口将手锉伤。

7.2.2 吊装管道时严禁管道下站人。

8 质量记录

8.0.1 空调水管道压力试验记录。

8.0.2 管道系统冲洗（通水）记录。

8.0.3 管道安装检验批、分项（子分项）、分部（子分部）工程质量验收记录。

第 15 章 VRV 空调系统施工

本施工工艺适用于工业与民用建筑中空调工程中 VRV 空调系统的安装（不包括供电及控制部分）。

1 引用标准

《通风与空调工程施工质量验收规范》GB 50243—2016
《工业建筑供暖通风与空气调节设计规范》GB 50019—2015
《民用建筑供暖通风与空气调节设计规范》GB 50736—2012
《建筑给水排水及采暖工程施工质量验收规范》GB 50242—2002
《建筑设计防火规范》GB 50016—2014
《建筑电气工程施工质量验收规范》GB 50303—2015
《机械设备安装工程施工及验收通用规范》GB 50231—2009
《现场设备、工业管道焊接工程施工规范》GB 50236—2011

2 术语（略）

3 施工准备

3.1 作业条件

3.1.1 应根据施工方案编制 VRV 系统施工作业指导书。

3.1.2 结构施工应完成并经验收合格，具备机电系统施工条件。

3.1.3 VRV 系统管线应与其他风、水、电综合管线进行综合平衡后方可施工。

3.1.4 系统管线安装人员、焊工应经过理论与实际施工操作培训、考核，取得相应证件后持证上岗。

3.2 材料及机具

3.2.1 室内机、室外机设备和冷媒管、保温材料进场应按照工程项目管理规定进行进场验收，保温材料应按照设计采用相应耐火等级的保温材料，绝热性能满足设计和节能规范要求。

3.2.2 冷媒管应采用空调系统专用紫铜管，配套使用的焊条应与铜管材质相适应。

3.2.3 冷凝水管材质及连接方式应复合设计要求。

3.2.4 机具：台钻、电焊机、切割机、割刀、气焊工具、冲击电钻、电工器具、分贝仪、真空泵、冷媒表、活动脚手架、人字梯、临时配电箱、防护用品、消防器材等。

4 操作工艺

设备安装→冷媒管安装→冷凝水管安装→气密性试验→保温绝热→真空干燥→试运行

4.1 设备安装

4.1.1 安装前必须检查并核对设备型号；

4.1.2 注意校正设备安装位置和方向（主要是接管的布置和走向）；

4.1.3 应留有足够的空间以供综合维修用；

4.1.4 室内机接管位置应留有检修孔，尺寸为不小于 450mm×450mm；

4.1.5 装室内机时应保证有足够的冷凝水管位置；

4.1.6 室内机安装支架需牢固、可靠。

4.2 冷媒管安装

4.2.1 步骤：支架制作→按图纸要求配管→焊接→吹净→试漏→干燥→保温

4.2.2 原则上冷媒配管应严守配管三原则：干燥、清洁、气密性。干燥首先是安装前铜管内禁止有水分进入，配管后要吹净和真空干燥。清洁是施工时应注意管内清洁；二是焊接时氮气置换焊，最后是吹净。气密性实验一是保证焊接质量和喇叭口连接质量；二是最后的气密性实验。

4.2.3 替换氮气的方法：根据麦克维尔的要求冷媒管钎焊时必须采用氮气保护，焊接时把微压（3.5kg/cm²）氮气充入正在焊接的管道内。这样会有效防止管内氧化皮的产生。

4.2.4　冷媒管封盖：冷媒管的包扎十分重要以防止水分、脏物、灰尘等进入管内，冷媒管穿墙一定要管头包扎严密，暂时不连接的已安装好的管子要把管口包扎好。

4.2.5　冷媒管吹净：冷媒管吹净是一种把管内废物清除出去的最好方法，具体方法是将氮气压力调节阀与室内机的充气口连接好，将所有的室内机的接口用盲塞堵好保留。一台室内机接口作为排污口，用绝缘材料抵住管口，压力调节阀 $5kg/cm^2$ 向管内充气，至手抵不住时，快速释放绝缘物，脏物及水分即随着氮气一起被排出。这样循环进行若干次直至无污物水分排出为止（每台室内机都要做）。另外，对液管和气管要分别进行。

4.2.6　冷媒管钎焊：

冷媒管钎焊前的准备：钎焊条的质量标准，焊接设备的准备，铜管切口表面要平整，不得由毛刺、凹凸等缺陷，切口平面允许倾斜，偏差为管子直径的 1%。

冷媒管钎焊应该采用磷铜焊条或银焊条，焊接温度 $700\sim845℃$，钎焊工作宜在向下或水平侧向进行，尽可能避免仰焊，接头的分支口一定要保持水平。

水平管（铜管）支撑物间隔标准如表 15-1。

水平管（铜管）支撑物间隔标准　　　　　　　　表 15-1

标称	$\phi20$ 以下	$\phi25\sim\phi40$	$\phi50$
间隔	1.0m	1.5m	2.0m

注意：铜管不能用金属支托架夹紧，应在自然状态下，通过保温层托住铜管，以防冷桥产生。施焊人员应有必要的资格证明，才能上岗。

4.2.7　直径小于 $\phi19.05mm$ 的铜管一律采用现场煨制、热弯或冷弯专用工具，椭圆率不应大于 8%，并列安装配管其弯曲半径应相同，间距，坡向，倾斜度应一致。大于 $\phi19.05mm$ 的铜管应采用冲压弯头。

4.2.8　扩口连接：冷媒铜管与室内机连接采用喇叭口连接，因此要注意喇叭口的扩口质量。其中承口的扩口深度不应小于管径，扩口方向应迎冷媒流向，切管采用切割刀，扩口和锁紧螺母时在扩口的内表面上涂少许冷冻油，扩口尺寸和螺母扭力如表 15-2。

扩口尺寸和螺母扭力 表 15-2

标称直径	管外径	铜管扩口尺寸	扭矩范围（kgf·cm）
1/4	$\phi6.4$	9.1～9.5	144～176
3/8	$\phi9.5$	12.2～12.8	333～407
1/8	$\phi12.7$	15.6～16.2	504～616
5/8	$\phi15.9$	18.8～19.4	630～770
3/4	$\phi19.05$	23.1～23.7	990～1210

4.3 冷凝水管安装

4.3.1 冷凝水管安装坡度必须满足 $i \geqslant 0.008$；

4.3.2 冷凝水管尽可能短并应避免气封的产生；

4.3.3 对于较长的冷凝水管可用悬挂螺栓，支架间距为 0.8～1.0m，并应确保排水坡度；

4.3.4 水平管长度尽可能短。

4.4 气密性试验

4.4.1 按各冷媒系统，对气管和液管两者渐渐加压试验（必须使用氮气作试验，同时从气管和液管充注氮气）；

4.4.2 观察压力是否下降，若无压力下降，即可以判定为合格。

4.5 冷媒管保温

4.5.1 所用的绝热材料为难燃 B1 级优质橡塑保温材料，绝热层厚度应满足设计要求；

4.5.2 绝热施工要点：绝热材料采用专用胶水粘接施工，所有连接接口需严密无遗漏，在冷媒管接口、变径、分支、转弯等处要特别注意绝热材料与冷媒管应紧密贴合无空；

4.5.3 真空干燥，利用真空泵将管道内的水分排出，而使管内得以干燥。真空泵必须加装电子截止阀，防止油倒流进入铜管系统内部。

4.5.4 真空干燥的作业顺序：

1 真空干燥（第一次）：将万能测量仪接在液管和气管的注入口，使真空泵运转（真空度在 -756mmHg 以下）。若抽吸 2h 仍达不到 -756mmHg 以下时，则管道系统内有水分或有漏口存在，则需要继续抽吸 1h。若抽吸 3h 仍未达到 -756mmHg，则可能存在漏气点，需检查消除后重新检验。

2　真空放置试验：达到－756mmHg 即可放置 1h，真空表指示不上升为合格；指示上升，为不合格，应继续检查，直至合格为止。

4.6　制冷剂的加注、试运行

4.6.1　计算应尽量准确结果必须记录；

4.6.2　在抽空结束、保真空合格必须液体充注制冷剂，或者在开机状态下通过液管充注液态制冷剂；

4.6.3　制冷剂必须在液体状态下充注。

5　质量标准

5.1　主控项目

5.1.1　室内机的规格型号必须符合设计要求。

5.1.2　机组应平稳，运行中不得有异响。

5.2　一般项目

5.2.1　室内机安装的允许偏差应符合表 15-3 的规定

VRV 室内机安装的允许偏差　　　　表 15-3

中心线的平面位移（mm）	标高（mm）	皮带轮轮宽中心平面位移（mm）	传动轴水平度		联轴器同心度	
			纵向	横向	径向位移（mm）	轴向倾斜
10	±10	1	0.2/1000	0.3/1000	0.05	0.2/1000

5.2.2　室内机的支、吊架应符合设备技术文件的要求，冷媒管焊缝应牢固饱满。

5.2.3　机组试运行时间应该达到 8h。

6　成品保护

6.1.1　施工完的管道要包扎，设备要做好防护包上塑料布，并经常查看。

6.1.2　施工时对其他专业的成品也要保护好，如有交叉阻碍，不得擅自移动、拆除，必须通过总包协调解决。

6.1.3　管道做满水、排水试验时要注意电器设备和其他物品，不要淋水。

6.1.4　墙壁割槽要恢复原样，不得破坏其他管路。

7　注意事项

7.1　应注意的质量问题

7.1.1　严格落实技术交底制度，每项工作开始之前，对施工工艺操作规程、质量标准，施工员一定要对班组进行交底，并做好书面记录。

7.1.2　采用专业检查与群众检查相结合的方法，抓好三级检（自检、互检、交接检），加强对施工过程的检查，把质量问题消灭在施工过程中，本道工序不合格不得交与下道工序施工。

7.2　应注意的安全问题

7.2.1　施工过程产生的生活污水和施工废水，应排放到附近的排水井中，如远离排水井应设临时管道排放，严禁随意排放。

7.2.2　电气焊产生的烟气可以排放到大气中。食堂做饭应采用燃气方式，不允许烧煤。冬季工程施工阶段办公室、宿舍可用电暖气采暖。

7.2.3　电焊产生的光污染可刺伤周围人员的眼睛，电焊作业时应围挡保护，避免对其他作业人员伤害。

7.2.4　专业安装时产生噪声的施工机械最大声源为电锤、砂轮切割机，使用这些机具时要远离休息人群和办公区。

7.2.5　施工中产生的下脚废料和工程垃圾，要集中堆放，定期清理出场处置。项目部及作业人员，接受上级环境保护部门的监督检查和提出的意见。

8　质量记录

8.0.1　基础验收记录。

8.0.2　室内机安装找平找正记录。

8.0.3　设备试运转记录。

8.0.4　室内机机组安装分项工程质量检验评定表。

第16章　检测与试验

本标准适用于一般的民用建筑通风空调系统检测与试验，风管强度与严密性试验、空调水系统管道阀门水压试验、空调水系统管道水压试验、空调水系统管道冲洗试验。

1　引用标准

《通风与空调工程施工质量验收规范》GB 50243—2016

《通风与空调工程施工规范》GB 50738—2011

《通风管道技术规程》JGJ/T 141—2017

2　术语

2.0.1　风管漏风测试仪：专门用于风管系统漏风量试验、强度试验和严密性试验的一种专用工具。

3　施工准备

3.1　风管强度与严密性试验

3.1.1　材料及机具准备

根据风管强度和严密性试验方案，编制试验所需材料计划，试验设备（风管漏风测试仪），并确保试验设备的完好性。

3.1.2　作业条件准备

1　依据设计文件已经完成了所有风管系统的安装工作并经漏光试验合格。

2　按照试验方案对待试验系统进行分段划分并进行必要的封堵准备。

3.2　水系统阀门水压试验

3.2.1　材料及机具

1　阀门应具有产品合格证。

2 连接完毕、固定牢固的管道。

3 施工机具：打压泵、扳手、电焊机、套丝机、切割机、管子钳、压力表（校验过的）磨光机、厚白漆、麻丝、电焊条、水桶、拖布、球阀、扫把、软管等。

3.2.2 作业条件

1 阀门试验应在特定的试验场地或实验室内进行。

2 阀门试验场地内应具备试验用水和排水设施。

3 施工前，施工员须对施工小组进行书面技术、安全交底。

3.3 水系统管道试压

3.3.1 作业条件

1 水压试验方案经批准。

2 所有管线安装完成且经验收符合设计图纸要求。

3 所有管道支架安装牢固，支架设置间距符合施工规范的要求。

4 试压用的压力表精度为 1.5 级，经校验合格。

5 所有管道的标高、走向、坡度经复查合格，试验用的临时安全措施确认安全可靠。

6 施工前，施工员须对施工小组进行书面技术、安全交底。

3.3.2 材料及机具

1 施工机具：打压泵、扳手、电焊机、套丝机、切割机、管子钳、压力表（校验过的）磨光机。

2 施工材料：厚白漆、麻丝、电焊条、水桶、拖布、球阀、扫把、软管等。

3.4 空调水系统管道冲洗试验

1 管道试验已完成，冲洗方案经批准。

2 系统的安装工作已全部结束，系统水压试验合格并经监理验收。

3 冲洗方案向所有参加人员进行交底并留有书面交底记录。

4 操作工艺

4.1 工艺流程

4.1.1 风管强度与严密性试验

| 风管封堵准备 | → | 试验设备连接准备 | → | 升压试验 | → | 计算试验数据并判断 |

4.1.2　水系统阀门水压试验

$$\boxed{灌水} \xrightarrow{K} \boxed{升压} \longrightarrow \boxed{泄水}$$

注：K——质量检测控制点。

4.1.3　空调水系统管道水压试验

$$\boxed{系统检查} \longrightarrow \boxed{系统充水} \xrightarrow{K} \boxed{系统升压} \longrightarrow \boxed{泄水}$$

注：K——质量检测控制点。

4.1.4　空调水系统管道冲洗试验

$$\boxed{系统检查} \longrightarrow \boxed{系统充水} \xrightarrow{K} \boxed{系统冲洗}$$

注：K——质量检测控制点。

4.2　风管强度与严密性试验

4.2.1　风管封堵准备

1　按照已经批准的风管强度试验和严密性试验施工方案对待试系统进行合理的分段，风管分段后每段风管的总面积应不大于测试设备最大一次测试的范围。

2　对每个分段的风管首、末端端口进行封堵。

3　在风管端头封堵板上安装试验用专用短管和接头。

4.2.2　试验设备连接准备

1　按照风管漏风测试仪设备使用说明将测试仪与风管连接。

2　调整漏风测试仪的倾斜式微压管至"0"位。

4.2.3　升压试验

1　按照测试仪使用说明分段升压试验。

2　每次调频升压后要停顿一段时间，观察风管系统的稳定性，是否有异常响声。

3　检查风管连接处、风阀法兰连接处是否有明显漏风情况存在。

4　升压到严密性试验规定的试验压力，稳定 5min，记录微压计读数。

5　继续升压至风管强度试验的压力，稳压 10min，检查风管系统稳定性是否正常，有无异常响声。

131

6 检查强度试验压力下，风管管壁变形量数值。

4.2.4 计算试验数据并判断

1 根据试验记录的严密性试验计算漏风量，与每一段试验风管的允许漏风量进行比较。

2 根据记录的风管管壁变形量数值与规范允许数值进行比较。

4.3 水系统阀门水压试验

4.3.1 灌水

1 打开进水阀门缓慢地向管道内灌水。

2 将高处排气球阀打开，直至球阀处开始出水后关闭球阀。

4.3.2 升压

1 开始启动打压泵慢慢往上升压，每往上升 0.3MPa 时，要关闭打压泵停止升压，观察有无渗漏现象。

2 再继续升压。直至升压到规范或设计要求，保持一定时间，压力稳定、无渗漏现象为合格。

4.3.3 泄水

1 打开泄水阀将管道内的水排至就近地漏中。

2 打开放气阀以利于阀门试压系统内试压用水彻底泄放完毕。

4.4 空调水系统管道水压试验

4.4.1 系统检查

1 检查系统所有阀门关闭/开启是否按方案要求。

2 有没有敞口未封闭的地方。

3 排气阀、泄水阀设置是否合理。

4 管道是否全部固定，卡环螺丝是否全部拧紧。

4.4.2 系统充水

1 打开进水阀门向系统内充水，充水的同时检查管线是否有渗水、漏水现象，如发现漏水现象，及时停止充水。并及时泄水处理漏水问题，处理完毕后再继续进行灌水。严禁带压操作。

2 将高处排气球阀打开，在排气阀处由专人负责放气直至系统全部放满水排尽空气为止。

4.4.3　系统升压

1　系统升压需分段进行。

2　第一步，系统缓慢升压到 0.3MPa，停止升压，检查管线。

3　第二步，系统缓慢升压到 0.6MPa。

4　第三步，系统缓慢升压到 1.0MPa。

5　停止升压，检查管线；在每一步升压后，认真检查管线是否有渗水现象，在试压过程中若发现有问题必须立即停止升压，降压泄水后处理渗漏问题，然后再重新灌水试压，严禁带压进行处理。

4.4.4　泄水

1　打开泄水阀将管道内的水排至就近地漏中。

2　打开放气阀以利于试压系统内试压用水彻底泄放完毕。

4.5　空调水系统管道冲洗试验

4.5.1　系统检查

1　系统所有阀门开启。

2　关闭设备进出口阀门，打开冲洗阀门，如系统未设计冲洗阀门，需将连接设备的管道拆除用临时管代替连通。

4.5.2　系统充水

1　打开进水阀门向系统内充水。

2　将高处排气球阀打开，在排气阀处由专人负责放气直至系统全部放满水排尽空气为止。

4.5.3　系统冲洗

1　启动水泵，冲洗一段时间停泵，打开水泵进水口前过滤器，清理渣物，关闭后重新启动循环冲洗。

2　排出口的水色和透明度与入水口目测对比一致，过滤器内无杂质。

3　管道冲洗应按照先主管、后干管、再支管的顺序依次进行。

5　质量标准

5.1　风管强度与严密性试验

5.1.1　风管系统的主风管安装完毕，尚未连接风口和支风管前，应以主干管为主进行风管系统的严密性检验。

5.1.2 风管严密性试验允许漏风量见表 16-1。

金属矩形风管允许漏风量　　　　　　　　表 16-1

压力（Pa）	允许漏风量［m³/（h·m²）］
低压系统风管（P≤500Pa）	≤0.1056P0.65
中压系统风管（500Pa<P≤1500Pa）	≤0.0352P0.65
高压系统风管（1500Pa<P≤3000Pa）	≤0.0117P0.65

5.1.3 风管强度试验管壁允许变形量见表 16-2。

金属、非金属风管管壁变形量允许值　　　　表 16-2

风管类型	管壁变形量允许值（%）		
	低压风管	中压风管	高压风管
金属矩形风管	≤1.5	≤2.0	≤2.5
金属圆形风管	≤0.5	≤1.0	≤1.5
非金属矩形风管	≤1.0	≤1.5	≤2.0

5.1.4 风管的强度应能满足在 1.5 倍工作压力下接缝处无开裂。

5.2 水系统阀门水压试验

5.2.1 对于工作压力大于 1.0MPa 及安装在主干管上起到切断作用的阀门，进行强度和严密性试验，合格后方准使用。其他阀门可不单独进行试验，待在系统试压中检验。

5.2.2 强度试验时，试验压力为公称压力的 1.5 倍，持续时间不少于 5min，阀门的壳体、填料应无渗漏。

5.2.3 严密性试验时，试验压力为公称压力的 1.1 倍；试验压力在试验持续的时间内应保持不变，时间应符合表 16-3 的规定，以阀瓣密封面无渗漏为合格。

阀门压力持续时间　　　　　　　　　　表 16-3

公称直径 DN（mm）	最短试验持续时间（s）	
	严密性试验	
	金属密封	非金属密封
≤50	15	15
65～200	30	15
250～450	60	30
≥500	120	60

5.3　空调水系统管道水压试验

5.3.1　空调水系统的试验压力，当工作压力小于等于 1.0MPa 时，为 1.5 倍工作压力，但最低部小于 0.6MPa；当工作压力大于 1.0MPa，为工作压力加 0.5MPa。

5.3.2　对于大型或高层建筑垂直位差较大的冷（热）媒水、冷却水管道系统宜采用分区、分层试压和系统试压相结合的方法。一般建筑可采用系统试压方法。

5.3.3　分区、分层试压：对相对独立的局部区域的管道进行试压。在试验压力下，稳压 10min，压力不得下降，再将系统压力降至工作压力，在 60min 内压力不得下降、外观检查无渗漏为合格。

5.3.4　系统试压：在各分区管道与系统主、干管全部连通后，对整个系统的管道进行系统的试压。试验压力以最低点的压力为准，但最低点的压力不得超过管道与组成件的承受压力。压力试验升至试验压力后，稳压 10min，压力下降不得大于 0.02MPa，再将系统压力降至工作压力，外观检查无渗漏为合格。

5.3.5　各类耐压塑料管的强度试验压力为 1.5 倍工作压力，严密性工作压力为 1.15 倍的设计工作压力。

5.3.6　凝结水系统采用充水试验，应以不渗漏为合格。

5.4　空调水系统管道冲洗试验

应在系统中冲洗、排污合格（以排出口的水色和透明度与入水口目测对比），循环试运行不少于 2h，且水质正常后才能与制冷机组、空调设备相贯通。

6　成品保护

6.1　风管强度与严密性试验

6.1.1　风管强度试验和严密性试验过程中对风管进行开孔或连接临时试验管道接口应尽量选择在直管段开孔。

6.1.2　风管强度试验完成后要采用相同材质的材料对临时开孔进行修补或更换局部风管。

6.1.3　试验过程中注意保护已完成风管及部件，不得在风管上踩踏。

6.2　水系统阀门水压试验

6.2.1　阀门试验过程中应轻拿轻放，不得随意乱扔阀门。

6.2.2 较大规格的阀门应多人抬拿，搬运阀门时严禁只通过阀门手轮或手柄进行搬运。

6.2.3 阀门试验完毕后应打开阀瓣用压缩空气吹干或自然风干，阀门内部不留积水。

6.3 空调水系统管道水压试验

6.3.1 管道系统水压试验连接的临时水管与正式系统连接应不得损坏原有系统。

6.3.2 水压试验完成后应及时恢复系统，彻底检查排气阀、泄水阀等部位，确保系统恢复到正常状态。

6.3.3 检查并拆除水压试验设置的临时盲板，在系统后续灌水时重点检查设置过盲板的部位，防止局部发生渗漏问题。

6.4 空调水系统管道冲洗试验

6.4.1 管道系统冲洗试验连接的临时水管与正式系统连接应不得损坏原有系统。

6.4.2 管道冲洗试验完成后应及时恢复系统，彻底检查排气阀、泄水阀等部位，确保系统恢复到正常状态。

6.4.3 检查并拆除冲洗试验设置的临时盲板，在系统后续灌水时重点检查设置过盲板的部位，防止局部发生渗漏问题。

7 注意事项

7.1 风管强度与严密性试验

7.1.1 质量问题注意事项

1 试验的风管首、末端封堵板必须封堵严密，否则该处漏风将计入整段风管漏风量导致测试不合格。

2 每一个分段的风管中间必须畅通，严禁中间自行分隔缩短试验风管长度，形成作弊试验。

7.1.2 安全问题注意事项

1 施工现场应场地整洁，道路畅通，安全设施必须符合《安全生产管理办法》的规定。

2 风管试验区域应隔离，严禁非试验人员进入实验区。

3　必须严格按照分段升压的规定进行升压，并在每一次升压后稳压检查，严禁一次升压至试验压力。

7.2　水系统阀门水压试验

7.2.1　质量问题注意事项

1　阀门试验压力应根据阀门厂家技术说明和系统设计压力计算确定。

2　阀门试验压力应与其所安装系统中压力保持一致或至少不得低于管道系统设计压力。

3　阀门试验合格后的阀门方可投入安装。

7.2.2　安全问题注意事项

1　试验场地考虑排水设施，防止试验时渗漏水影响作业场所。

2　准备必要的清理工具，发生渗漏水时便于及时排除积水。

7.3　空调水系统管道水压试验

7.3.1　质量问题注意事项

1　管道系统试验压力应按照设计确定。

2　当管道系统和设备作为一个系统进行压力实验时，如果管道试验压力小于等于设备试验压力，则试验压力应按照管道系统试验压力进行。

3　当管道系统大于设备试验压力，且设备的试验压力不低于管道试验压力的 1.15 倍时，可按照设备的试验压力进行水压试验。

7.3.2　安全问题注意事项

1　试验场地考虑排水设施，防止试验时渗漏水影响作业场所。

2　准备必要的清理工具，发生渗漏水时便于及时排除积水。

3　系统压力试验必须分段进行，严禁一次升压到试验压力。

4　管道系统压力试验区域应进行隔离并告知，无关施工人员不得入内。

7.4　空调水系统管道冲洗试验

7.4.1　质量问题注意事项

1　管道系统水冲洗应到达规定的流速。

2　管道经冲洗后排出的液体应与灌入的液体目测无明显变化，必要时进行化验分析，判定冲洗是否合格。

7.4.2　安全问题注意事项

1　管道冲洗区域禁止非工作人员进入。

2 管道冲洗阶段各阀门的开关状态应保持固定，挂牌明确阀门状态并张贴警示告知牌，严禁他人随意开关阀门。

3 确保冲洗区域各排水点排水正常，无堵塞现象。

8 质量记录

8.1 风管强度与严密性试验

8.1.1 风管漏风量测试记录。

8.1.2 风管强度试验记录。

8.2 水系统阀门水压试验

8.2.1 阀门出厂合格证、质量检验报告。

8.2.2 阀门试压记录。

8.3 空调水系统管道水压试验

8.3.1 管道及管道附件合格证、质量检验报告。

8.3.2 水压试验记录。

8.4 空调水系统管道冲洗试验

8.4.1 管道冲洗（清洗）记录。

第17章　风系统管道与设备绝热

本工艺标准适用于建筑工程通风与空调工程中金属风管系统的风管绝热施工与验收。

1　引用标准

《通风与空调工程施工质量验收规范》GB 50243—2016
《建筑工程施工质量验收统一标准》GB 50300—2013

2　术语

2.0.1　绝热：为了减少保温对象的内部热源向外部传递热量或减少保冷对象的外部热源向对象内部传递热量的措施。

2.0.2　检验批：按同一的生产条件或按规定的方式汇总起来供检验用的，由一定数量样本组成的检验体。

2.0.3　抽样检验：按照规定的抽样方案，随机地从进场的材料、构配件、设备或建筑工程检验项目中，按检验批抽取一定数量的样本所进行的检验。

3　施工准备

3.1　技术准备

3.1.1　熟悉图纸设计内容，了解绝热层、防潮层及保护层的材质、厚度等技术要求。

3.1.2　了解各绝热材料生产厂家配套胶黏剂的使用方法、适用温度等相关性能参数。

3.1.3　编制合理的施工方案，制定科学的安全保护措施。

3.2　材料要求

3.2.1　所用绝热材料要具备出厂合格证或质量鉴定文件，必须是有效保质期内的合格产品。

3.2.2 使用的绝热材料的材质、密度、规格及厚度应符合设计要求和消防防火规范要求。

3.2.3 保温材料在贮存、运输、现场保管过程中应不受潮湿及机械损伤。

3.2.4 保温材料应按照节能规范进行现场取样送检合格后方可投入使用。

3.3 主要机具

3.3.1 施工机具：钢丝刷、粗纱布、压缩机、磨光机、喷壶、直排毛刷子、滚筒毛刷、圆盘锯、手锯、裁纸刀、钢板尺、毛刷子、打包钳、手电钻、剪刀、腰子刀、油刷子、抹子、小桶、弯钩、平抹子、圆弧抹子等。

3.4 作业条件

3.4.1 风管的绝热应在防腐及漏风量试验合格后进行。

3.4.2 湿作业的灰泥保护壳在冬季施工时，要有防冻措施。

3.4.3 场地应清洁干净，有良好的照明设施，冬、雨期施工应有防冻防雨雪措施。

4 操作工艺

工程中一般按照设计要求保温材料。对洁净金属风管一般采用难燃橡塑海绵保温材料，空调及排烟风管一般采用不燃的铝箔玻璃棉板。

4.1 铝箔玻璃棉板保温工艺流程

粘保温钉 → 保温层敷设 → 保护层敷设 → 检验

4.1.1 首先将风管表面擦拭干净，擦去表面的灰尘和积水并使其干燥。

4.1.2 粘结保温钉

粘贴保温钉前要将风管壁上的尘土、油污擦净，将胶黏剂分别涂抹在管壁和保温钉粘接面上，稍后再将其粘上。矩形风管或设备保温钉的分布应均匀，其数量为底面每平方米不应少于 16 个，侧面不应少于 10 个，顶面不应少于 8 个。首行保温钉至风管或保温材料边沿的距离应小于 120mm。

粘钉 24h 后，轻轻用力拉扯保温钉，不松动脱落时，方可铺覆保温材料。

4.1.3 裁剪铝箔玻璃棉板。裁板时使用钢锯条，要使保温材料的长边夹住短边，小块的保温材料要尽量使用在风管的上水平面上。

4.1.4 铺覆铝箔玻璃棉板：

将裁好的铝箔玻璃棉板轻轻贴在风管上，稍微用力使保温钉穿出玻璃棉板，经检查准确后，用保温钉压盖将其固定。压盖应松紧适度，均匀压紧。

长出压盖的保温钉弯曲过来压平。

保温钉铺覆时要使纵、横缝错开，板间拼缝要严密平整。

对风管的法兰处要单独进行可靠的保温。

对大边大于 1200mm 的风管，在保温外每隔 500mm 加打包带一道。打包带与风管四角结合处设短铁皮包角。

4.1.5 粘铝箔胶带。玻璃棉板的拼缝要用铝箔胶带封严。胶带宽度平拼缝处为 50mm，风管转角处为 80mm。粘胶带时要用力均匀适度，使胶带牢固地粘贴在铝箔玻璃棉板面上，不得出现胀裂和脱落。

4.1.6 缠玻璃丝布：

玻璃丝布的幅宽应为 300～500 mm，缠绕时应使其互相搭接一半，使保温材料外表形成两层玻璃丝布缠绕。

通常裁出的玻璃丝布有一边是毛边，使用时要注意必须将毛边压在里面，以利美观。

玻璃丝布的甩头要用胶粘牢固定。对一些弯头、三通、变径管等处，缠绕时要注意布面平整、松紧适度，必要时可用胶将布粘牢在保温棉上。

4.1.7 刷防火漆。最后在玻璃布面刷防火漆两遍。刷漆时要顺玻璃丝布的缠绕方向涂刷，涂层应严密均匀，并注意采取必要的防护措施，以免污染其他部位。

4.1.8 保温外包镀锌铁皮。空调机房内的风管粘贴铝箔胶带后不再缠玻丝布，而是包镀锌铁皮。

按风管保温后的尺寸裁剪铁皮，注意按搭接方式让出余量。

铁皮要由下向上进行安装，搭接处采用自攻钉固定，自攻钉间距为 120mm。

弯头、三通、变径管等保温后要保持原有形状，铁皮安装要圆弧均匀，搭接缝在风管的同侧。

为保证铁皮安装外观平整，对大尺寸风管可采用与保温厚度等厚的木方钉成框架，将铁皮用自攻钉固定在木框架上。

4.2 橡塑海绵保温工艺流程

领料 → 保温材料下料 → 涂胶及铺覆保温材料 → 检验

4.2.1 首先将风管表面擦拭干净，擦去表面的灰尘和积水并使其干燥。

4.2.2 根据风管尺寸裁剪保温材料：

保温材料下料时，要注意使其两个长边夹住短边，对正方形的风管要使其上下边夹住两个立边。

裁剪闭孔橡塑海绵板时可以使用壁纸刀，刀片的长度要合适并使其保持锋利，裁割时用力要适度均匀，断面要平整。

对门厅、展厅等重要的场所处的明露风管，为确保切割断面光洁美观，裁剪聚乙烯板时可使用手持砂轮切割机。

4.2.3 在管外壁和闭孔橡塑海绵板上分别均匀刷上 401 胶，稍候片刻待其微干后将其粘合上。

4.2.4 用橡胶锤轻打闭孔橡塑海绵板，尤其是风管四角处，使其与风管粘牢。

4.2.5 对保温外观进行检查，如有不合适之处及时修补。

5 质量标准

5.1 主控项目

5.1.1 风管和管道的绝热，应采用不燃或难燃材料，其材质、密度、规格与厚度应符合设计要求。如采用难燃材料时，应对其难燃性进行检查，合格后方能使用。

5.1.2 防腐涂料和油漆，必须是在有效保质期限内的合格产品。

5.1.3 在下列场合必须使用不燃绝热材料：加热器及其前后 800mm 的风管和绝热层；穿越防火墙两侧 2m 范围内风管绝热层。

5.1.4 输送介质温度低于周围空气露点温度的管道，当采用非闭孔性绝热材料时，隔汽层（防潮层）必须完整，且封闭良好。

5.1.5 位于洁净室内的风管及管道的绝热，不应采用易吸尘的材料（如玻璃纤维、短纤维矿棉等）。

5.2 一般项目

5.2.1 涂喷油漆的漆膜，应均匀、无堆积、波纹、气泡、掺杂、混色与漏涂等缺陷。

5.2.2 各类空调设备、部件的油漆喷、涂，不得遮盖铭牌标志和影响部件的功能使用。

5.2.3　风管系统部件的绝热，不得影响其操作功能。

5.2.4　绝热材料层应密实，无裂缝、空隙等缺陷。表面应平整，当采用卷材或板材时，允许偏差为 5mm，采用涂抹或其他方式时，允许偏差为 10mm。防潮层（包括绝热层的端部）应完整，且封闭良好；其搭接缝应顺水。

5.2.5　风管绝热层采用粘结方法固定时，施工应符合下列规定：

1　胶黏剂的性能应符合使用温度和环境卫生的要求，并与绝热材料相匹配；

2　粘结材料宜均匀地涂在风管、部件或设备的外表面上，绝热材料与风管、部件及设备表面应紧密贴合，无间隙；

3　绝热层纵、横向的接缝，应错开；

4　绝热层粘贴后，如进行包扎或捆扎，包扎的搭接处应均匀、贴紧；捆扎的应松紧适度不得损坏绝热层。

5.2.6　风管绝热层采用保温钉连接固定时，应符合下列规定：

1　保温钉与风管、部件及设备表面的连接，可采用粘接或焊接，结合应牢固，不得脱落；焊接后应保持风管的平整度，并不应影响镀锌钢板的防腐性能；

2　矩形风管或设备保温钉的分布应均匀，其数量底面每平方米不应少于 16个，侧面不应少于 10 个，顶面不应少于 8 个。首行保温钉至风管或保温材料边沿的距离应小于 120mm；

3　风管法兰部位的绝热层的厚度，不应低于风管绝热层的 0.8 倍；

4　带有防潮隔汽层绝热材料的拼接处，应用粘胶带封严。粘胶带的宽度不应小于 50mm，粘胶带应牢固地粘贴在防潮面层上，不得有胀裂和脱落；

5　绝热涂料作绝热层时，应分层涂抹，厚度均匀，不得有气泡和漏涂等缺陷，表面固化层应光滑，牢固无间隙。

6　成品保护

6.0.1　在漆膜干燥之前，应防止灰尘、杂物污染漆膜。应采取措施对涂漆后的构件进行保护，防止漆膜破坏。

6.0.2　保温材料应放在干燥处妥善保管，露天堆放应有防潮、防雨、防雪措施，防止挤压损伤变形，并与地面架空。

6.0.3　施工时要严格遵循先上后下、先里后外的施工原则，以确保施工完的保温层不被损坏。

6.0.4 操作人员在施工中不得脚踏挤压或将工具放在已施工好的绝热层上。

6.0.5 如有特殊情况拆下绝热层进行管道处理或其他工种在施工过程中损坏保温层时，应及时按原则要求进行修复。

7 注意事项

7.1 应注意的质量问题

7.1.1 油漆施工前，应清除被油漆表面的铁锈、油污、灰尘、水分等杂物，并保持其表面清洁、干燥，不得因上述缺陷而影响油漆的附着力。

7.1.2 涂刷下道油漆时，应在上道油漆表干后进行。

7.1.3 绝热施工前，应清除风管、水管及设备表面的杂物，对有破损的防腐层应及时进行修补工作。

7.1.4 绝热层结构中有防潮层时，在金属保护层施工过程中，不得刺破和损坏防潮层。

7.2 应注意的安全问题

7.2.1 油漆施工时不准吸烟，附近不得有电、气焊或气割作业。

7.2.2 绝热层材料为玻璃纤维制品或矿棉制品施工时，操作人员须穿戴好保护用品，并将袖口和裤管扎紧，防止碎屑掉入体表，引起红肿、过敏和瘙痒。

7.2.3 熬制热沥青时，应配备灭火器材，并有防雨措施。

7.2.4 高空作业应执行相应安全标准要求。

7.3 应注意的环境问题

7.3.1 油漆施工不宜在环境温度低于5℃，相对湿度大于85％的环境下施工。

7.3.2 室外进行绝热层施工时，应有防雨、雪措施。

7.3.3 每天施工完后，应及时对作业场所的废弃材料进行清理，避免污染环境。

8 质量记录

8.0.1 原材料进货验收记录。

8.0.2 绝热材料取样检测报告。

8.0.3 风管绝热施工检验批质量验收记录。

第18章 水系统管道与设备绝热

本工艺标准适用于空调系统中制冷剂、冷媒、冷却水、冷凝水管道的保温工程。

1 引用标准

《通风与空调工程施工质量验收规范》GB 50243—2016

2 术语（略）

3 施工准备

3.1 作业条件

3.1.1 管道保温在管道压力试验合格，防腐质量验收合格后进行。

3.1.2 书面技术、安全、质量交底。

3.2 材料及机具

3.2.1 绝热材料应符合设计规定并具有出厂合格证明或质量证明文件鉴定报告。应满足消防防火规范要求。

3.2.2 工具：手电钻、刀锯、布剪子、克丝钳、改锥、腻子刀、油刷子、抹子、小桶、弯钩等。

4 操作工艺

4.1 工艺流程

绝热层施工 → 防潮层施工 → 保护层施工

4.2 绝热层施工

4.2.1 首先要检验保温管壳的规格、型号、容重等是否符合设计要求，管道水压试验，隐蔽验收已完成。用棉纱或碎布，立管由下至上，水平管由一侧开始清理灰尘、杂物。

4.2.2 硬质或半硬质绝热管壳可采用镀锌钢丝或抗腐织带捆扎，其捆扎间距为 300～350mm，且每节至少捆扎两道。管壳之间的缝隙保温不应大于 5mm，保冷不应大于 2mm，并用黏接材料勾缝填满，纵缝应错开，外层的水平接缝应设在侧下方，当绝热层厚度大于 100mm 时，绝热层应分层铺设，层间应压缝，绝热层的端部应做封闭处理，弯头处应采用定型的弯头管壳或用直管壳加工成虾米腰块，每个弯头应不少于 3 块，确保管壳与管壁紧密结合，美观平滑。三通处应先做主管，后干、支管。阀门、法兰及其他管件保温两侧应留出不小于 30mm 的空隙。管道仪表插座应高出设计的保温厚度，保温时其应在保温管壳上掏眼铺设。

4.3 防潮层敷设

4.3.1 防潮层应由管道低端向高端敷设。环向搭缝口应朝向低端、纵向搭缝应在管道的侧面。

4.3.2 卷材作防潮层时，可用螺旋形缠绕的方式牢固粘贴在隔热层上，卷材的搭接宽度宜为 30～50mm。

4.3.3 油毡纸作防潮层，可用包卷的方式包扎，搭接宽度宜为 50～60mm，油毡接口朝下，并用沥青玛帝脂密封，每 300mm 扎镀锌铅丝或铁箍一道。

4.3.4 防潮层应紧贴在绝热层上，封闭良好。不得有孔洞、气泡、褶皱、裂缝等缺陷。

4.4 保护层施工方法

4.4.1 保温结构外表必须设保护层，一般有玻璃钢、金属外壳、玻璃丝布、塑料布、水泥壳、金属丝网、油毡包缠等。

4.4.2 玻璃钢、金属保护壳施工应按管子由下而上，由低到高的顺序，搭缝应顺坡设置。当金属保护壳采用薄钢板时，其内外表面必须做防腐处理，金属保护壳可采用咬口、铆接、搭接的方法施工。搭缝长度不小于 30mm，螺钉间距不应大于 200mm。外壳应整齐、美观。

4.4.3 圆形保护壳应贴紧绝热层，不得有脱壳和凹凸不平的现象。搭口搭接应有凸筋加强。如有防潮层的保温，不得使用自改螺丝，以免刺破防潮层。

4.4.4 矩形保护壳表面应平整，楞角规则，圆弧均匀，底部和顶部不得有凸肚及凹陷。户外金属保护壳的纵横接缝应顺水，其纵向接缝应设在侧面。保护壳与外墙面或屋顶的交接处应设汽水。保护层端部应封闭。

4.4.5 水泥砂浆抹料做保护层,配料应正确,内设金属网应紧箍绝热层,搭接不应小于 30mm,涂层应分层施工,厚度应满足设计要求,外表平整不应有明显的露底与裂纹。

4.4.6 金属丝网作保护层,网面应紧裹防潮层,拼缝衔接应完整。

4.4.7 玻璃丝布、塑料布缠做保护层,开始先缠 2 圈后,呈螺旋状再缠,搭接宽度不小于 10mm,搭接长度不小于 30cm,并把接头两端黏接或镀锌铁丝捆扎。玻璃丝布应缠严密。

4.4.8 搭接宽度均匀一致,无松脱、翻边、褶皱和鼓包,表面应平整。玻璃丝布刷涂防火或防水漆料、油料等时,刷漆前应清除管道上的尘土及油污。涂层应完整均匀,且能有效地封闭所有网孔。

5 质量标准

5.1 主控项目

5.1.1 绝热材料应采用不燃或难燃的材料,其材质、密度,规格和厚度均应符合设计要求。采用难燃材料时,应对其燃烧性能进行检测,合格时方可使用。

5.1.2 输送介质温度低于周围空气露点温度的风管和设备的绝热,其防潮层必须严密,具有良好的封闭性能。

5.2 一般项目

5.2.1 绝热层应严密,密度均匀。保温层厚度允许偏差:卷材或板材为 5mm,涂抹或其他方式其他 10mm。

5.2.2 绝热层的纵、横接缝,多层设置的拼缝均应错开,拼缝间隙,保温不大于 5mm,保冷不大于 2mm,并用黏接材料填满间隙。绝热层大于 100mm 时,应分层设置,外层的拼接缝应设在侧下方。

5.2.3 绝热层的固定应牢固,不得有松散、脱落现象。绝热层表面应平整,绑扎松紧适度,既不能松动,又不能损坏绝热层。绑扎应采用耐腐蚀且柔韧的材料,间距为 300～500mm,每节不少于两道。

5.2.4 防潮层应紧贴绝热层,封闭良好,搭接缝应低向顺水搭接,搭接宽度宜为 30～50mm。

5.2.5 金属保护壳应平整,无脱落,开裂现象,搭接缝应顺水,板边应设

147

加强凸棱，搭接量为 20~30mm，自攻螺钉应均匀，间距不大于 150mm，且不得穿透防潮落。

5.2.6 玻璃布、油毡类防潮，保护壳应表面平整，搭接严密，绑扎牢固，不得出现松散、脱落、开裂等缺陷，搭接宽度宜为 50~60mm。

5.2.7 管道绝热层采用绝热涂料时，应分层涂抹，厚度均匀，不得有气泡和漏涂等缺陷，表面固化层应光滑。牢固无缝隙，且不得影响阀门的正常操作。

5.2.8 管道用松散及软质材料做隔热层，应按规定的容重压缩其体积，疏密应均匀。毡类材料在管道上包扎时，其纵横连接不应有空隙。

5.2.9 绝热层应粘贴牢固，铺设平整。绑扎紧密，无滑动、松弛，断裂现象。管道穿墙、穿楼板套管处的绝热，应采用不燃或难燃的软、散绝热材料填实。

5.2.10 制冷系统管道的外表面应按规定色环标明。

6 成品保护

6.0.1 在漆膜干燥之前，应防止灰尘、杂物污染漆膜。应采取措施对涂漆后的构件进行保护，防止漆膜破坏。

6.0.2 保温材料应放在干燥处妥善保管，露天堆放应有防潮、防雨、防雪措施，防止挤压损伤变形，并与地面架空。

6.0.3 施工时要严格遵循先上后下、先里后外的施工原则，以确保施工完的保温层不被损坏。

6.0.4 操作人员在施工中不得脚踏挤压或将工具放在已施工好的绝热层上。

6.0.5 如有特殊情况拆下绝热层进行管道处理或其他工种在施工过程中损坏保温层时，应及时按原则要求进行修复。

7 注意事项

7.1 应注意的质量问题

7.1.1 管道穿楼板、墙处结露，应把隔热材料在套管内填实。

7.1.2 保温套管表面不平，应严把验货关，套管内径要与管道外径一致。

7.1.3 不得随便挤压，脚踩已保温好的管道。

7.1.4 冬雨期施工要有特殊施工措施。

7.1.5 由于现场各种原因漏保部位，必须在脚手架拆除前全部保温。

7.2　应注意的安全问题

7.2.1　保温施工时要正确使用个人防护用品。

7.2.2　施工过程中应采取必要的通风、防尘措施。

8　质量记录

8.0.1　原材料进货验收记录。

8.0.2　绝热材料取样检测报告。

8.0.3　制冷管道保温检验批质量验收记录。

第 19 章 系统试运行与调试

本工艺标准适用于通风与空调工程的设备单机试运转及系统调试、系统无生产负荷下的联合试运行与调试。

1 引用标准

《通风与空调工程施工质量验收规范》　　GB 50243—2016
《通风与空调工程施工规范》　　　　　　GB 50738—2011
《建筑工程施工质量验收统一标准》　　　GB 50300—2013

2 术语（略）

3 调试准备

3.1 收集和掌握调试的相关信息。需要获取的信息资料包括设计信息、自控承包商信息、厂商信息、电气信息、用户信息共五个方面，应确保所收集到的信息的准确性和完善性。

3.2 建立调试记录表格。根据调试涉及的系统组成和特点，制定调试记录表，须包括项目名称、设备编号、型号规格、数量、参数/指标、安装部位、设计（选用）参数、实测值及调试结果等内容。

3.3 编报调试方案。编写方案应包括系统概况（系统规模及组成、涉及的功能区分布及功能需求介绍）、前期准备、调试进度计划（反映工艺顺序和组织关系）、调试程序和操作方法、需用资源的需求和配置（人员组织、工具仪器、调试用材料）、调试联络、安全措施共六个部分。

3.4 调试工机具准备

3.4.1 测试用仪器、仪表应在检定合格期限内。

3.4.2 仪器、仪表的性能应稳定、可靠，其精度等级应符合检定规程的规定。

3.4.3　主要仪器、仪表及工机具：风速、温度、风压、湿度测试仪、噪声计、微压计、转速表、钳形电流表、钢丝钳、万用表、手电钻、手锤、扳手、螺丝刀。

3.5　作业条件准备

3.5.1　通风、空调系统安装质量检查记录齐全，符合质量标准的有关规定，并得到监理部门的确认。

3.5.2　系统设备、管线检查。检查内容包括系统设备和管线的安装是否按照设计规定完成，有无缺漏项；风管漏光检测或漏风量检测结果符合规范的规定；设备及风管、水管内部清洁无杂物、污染物及外表面清洁情况；排水设施及补供水设施是否达到使用条件。

3.5.3　试运转所需的水、电、气等能源供应均能满足使用要求，试运转及调试所需能源能及时、稳定地提供。

3.5.4　调试环境检查。土建施工应完工，涉及调试使用的房间土建及装修工程场地环境是否清洁，设备机房门锁是否已安装，场所照明条件是否满足调试需要。

4　操作工艺

4.1　工艺流程

准备工作 → 设备条件准备 → 系统条件准备 → 设备单机试运转 →

无生产负荷的系统测定与调整 → 系统联合调试 → 调试报告和记录整编

4.2　准备工作

4.2.1　资源准备。在试运转、调试期间所需的人力、物力及仪器、仪表设备按计划进入现场。

4.2.2　设备系统条件准备。首先进行系统核查和确认。对各相关系统的整体完成情况进行核查，确认其是否具备调试条件，对于存在问题应提出要求完成时间，并与调试计划对照确定其影响程度。

4.2.3　调试前应会同有关部门人员对工程质量进行检查，对工程中存在的缺陷，会同有关单位提出处理意见，修正后进行调试。

4.2.4 检查调试所用物资、仪器、工具及能源接入条件是否满足当前调试工作需要，安全措施准备完成。

4.3 设备单机试运转

4.3.1 外观检查

1 核对设备型号及技术参数是否符合设计要求。

2 固定设备的垫铁、地脚螺栓应符合规范要求。检查设备的转动部分，应轻便灵活，不得有卡碰现象。

3 轴承处应加注足够的润滑油，所用润滑油规格数量应符合设备技术文件的规定。

4 传动皮带松紧度要合适。

4.3.2 试运转

1 现场检查和确认设备是否具备受电条件。

2 进行点动启停试验，目测观察叶轮旋转方向是否正确，目测和耳听检查叶轮与机壳有无摩擦和异常、振动、声响、运转是否平稳，确认正常后方可进入下一步。

3 至少进行 2h 试运转，运转期间检查如下项目，并做好记录。

4 检查风机各紧固连接部位，不应松动。目测观察，停机后再检查。

1）用钳形电流表分别测点启动、运行电流和电压，计算功率，电机运行功率应符合设备技术文件规定。

2）采用便携式声级计测量风机噪声，测点应设在距设备 1.1m，距地 1.5m 环设备选取几点，测定数据以最大值为准。

3）2h 后用点温仪测量轴承温度，滑动轴承最高温度不得超过 70℃；滚动轴承最高温度不得超过 80℃，同时符合设备技术文件的规定。

以上正常完成后，单机运转即为合格。

4.3.3 水泵单机试运转

1 外观检查：

核对设备型号及技术参数是否符合设计要求。

固定设备的垫铁、地脚螺栓应符合规范要求。检查设备的转动部分，应轻便灵活，不得有卡碰现象。

轴承处应加注足够的润滑油，所用润滑油规格数量应符合设备技术文件的规定。

2 试运转

现场检查和确认设备是否具备受电条件。

泵启动前的准备和检查。泵和吸入管路必须充满输送液体，排尽空气，不得在无液体情况下启动。泵启动前吸入口阀门全开，出口阀门关闭。注意不应在出口阀门全闭的情况下长时间运转，应在转速正常后迅速打开出口阀门。

进行点动启停试验，目测观察叶轮旋转方向是否正确，目测和耳听检查转子与机壳有无摩擦和异常、振动、声响、运转是否平稳，确认正常后方可进入下一步。

至少进行 2h 试运转，运转期间检查如下项目，并做好记录：

1）检查水泵各紧固连接部位，不应松动。

2）用钳形电流表分别测点启动、运行电流和电压，计算功率，电机运行功率应符合设备技术文件规定。

3）密封部位渗漏量检查。在无特殊要求的情况下，普通填料 60mL/h（约 20 滴/min），机械密封的不应大于 5mL/h，目测观察。

4）采用便携式声级计测量风机噪声，测点应设在距设备 1.1m，距地 1.5m 环设备选取几点，以最大值为准。

5）2h 后用点温仪测量轴承温度，滑动轴承最高温度不得超过 70℃；滚动轴承最高温度不得超过 80℃。同时符合设备技术文件的规定。

以上正常完成后，单机运转即为合格。

4.3.4 冷却塔试运转

1 准备工作

1）清扫冷却塔内的夹杂物和尘垢，并装好回水口过滤网，防止冷却水管和冷凝器等堵塞。

2）冷却塔和冷却水管路系统应用水冲洗，管路系统应无漏水现象。

3）冷却塔内的补给水和溢流水位应符合设备技术文件的规定，自动补水阀的动作要灵活、准确。

2 试运转

1）冷却塔内的风机旋转方向要正确，电动机的接地要符合电气规范要求。

2）测定风机的启动电流和运转电流。

3）测量轴承温度。

4）噪声测定。采用便携式声级计测量，测点应设两处，第一处为在距风机出风口斜向45°一倍出风口直径处环设备选取至少两点，以平均值为准，此数值为参考值；第二处为在进风口方向上沿距塔体边一倍当量直径，测点至少取两点，以平均值为准，该测定值作为评判噪声值，应符合设备技术文件及冷却塔噪声标准的规定。

5）通水试运转。检查集水盘内和进水口有无杂物堵塞并清洁。检查花洒喷水角度是否符合设备技术文件规定。横流式冷却塔配水池水位和逆流式冷却塔旋转布水器的转速要适宜，要调整好进入冷却塔的水量，使喷水量和吸入水量保持平衡。并观测补给水和集水池的水位等运行状况。

6）冷却塔试运转如无异常现象，连续运转时间不应少于2h。

4.3.5　风机盘管试运转

1　启动前检查。用手转动风扇轮，确保其旋转顺畅，风扇体内无异物；检查机组内有无异物，进风口和出风口是否堵塞，并作清洁处理。

2　进行点动启停试验。启动前对电机进行电气检查，确认是否具备受电条件。目测观察叶轮旋转方向是否正确，目测和耳听检查转子与机壳有无摩擦和异常、振动、声响、运转是否平稳，确认正常后方可进入下一步。

3　至少进行0.5h试运转，运转期间检查如下项目，并做好记录。

4　检查风机各紧固连接部位，不应松动。目测观察，停机后再检查。

5　用钳形电流表分别测点启动、运行电流和电压，计算功率，电机运行功率应符合设备技术文件规定。

4.3.6　电控风阀单体调试

1　核查风阀的检修操作空间，并做好记录。

2　调试前检查。检查风阀本体有无变形，手动启闭检查有无摩擦、卡阻，应确保动作灵活、可靠、关闭自如。检查组合风阀连杆机构连接是否可靠、有无变形，风阀与固定框架的连接是否可靠，固定框架与基础连接是否可靠，组合风阀周边有无影响运动的障碍物。

3　采用便携式电源电动开启或关闭、部分开等动作，确保工作可靠，并记录接线端子排标识和机构动作时间、结果。对于电动调节阀检测其限位信号输出，以及信号输出后与供电回路的连锁动作状况。如不能满足要求则对电气回路进行检查调整，使之符合启闭和开度要求。

4.3.7　带风机动力的恒温恒湿机、除尘器、自动浸油过滤器、新风热交换器等设备试运转应符合规范中相关条文的规定及设备技术文件的要求。

4.4　无生产负荷的系统的测定与调整

4.4.1　系统风量的测定与调整

1　操作步骤

1) 风量初测。将系统阀门设于全开状态，测量每个风口的风速，计算各风口风量汇总得出"系统总风量"。

2) 校核系统总风量。将实测总风量与设备风量参数值比较，如偏差小于10%，则视为满足，可进入系统风量平衡步骤。如偏差大于10%则进入下一步处理。

3) 如实测总风量低于设备风量的90%时，则采取以下措施：进行风机性能测定，包括风量、风压、功率、转速等参数的测定，确定风机性能与设备技术文件的符合性；检查系统漏风点并处理；再重测并计算总风量如满足要求则进入系统风量平衡的步骤；如实测总风量高于设备风量且超过10%时，则采取以下措施：调整系统主分支阀门开度，并重测各风口风速及噪声值，计算总风量如满足要求则进入系统风量平衡的步骤；如仍不满足则另行分析处理。

4) 系统风量平衡。采用流量等比分配法，从系统的最最不利管段的风口开始，逐步调到风机。如在图 19-1 中，先测出支管 1 和 2 的风量，并用支管上的风阀调整支管 1 和 2 的风量，使其风量的比值和设计风量的比值近似相等。然后测出并调整支管 4、5 和 3、6 的风量，使其风量的比值和设计风量的比值都近似相等。这时根据风量分配原理，各支管的风量必定按照设计风量比值分配，达到设计风量值。需注意调整后的阀门开度应做好标示记录。

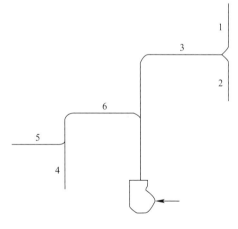

图 19-1　流量等比分配法

5) 风口风量测定。调整各支管的风口调节阀开度，再测量直至风口实测风量与设计风量的偏差小于15%，且计算总风量与设计总风量的偏差小于10%。

2 风量的测定和计算

1）通过风管的风量可按下式计算：

$$L = 3600FV \quad (\text{m/h})$$

式中 F——风管截面积，m^2；

　　　V——截面平均风速，m/s。

2）一般用热电式风速仪或叶轮式风速仪测定平均风速。也可用微压计或皮托管测得风管截面上的平均动压，根据下式计算出风速。

$$V = \sqrt{\frac{2P_{\text{ap}}}{\rho}}$$

式中 V——平均风速（m/s）；

　　　ρ——空气密度（kg/m^3）；

　　P_{ap}——平均动压（Pa）。

3）测量系统风量和风压时应注意下面几点：

测定截面的位置：应选择在气流比较均匀稳定的管段上，尽可能选择在远离产生涡流的局部阻力（各种风阀、弯头、三通及风口）的部位。一般选在产生局部阻力之后 4～5 倍管径（或风管大边尺寸），以及局部阻力之前 1.5～2 倍风管直径（或风管大边尺寸）的直管段上。

截面测点的位置：对于矩形风管每平方米测 25 点左右，即每 0.04m 内测一点。测定时将风管断面分割成小方块，测点设在每个小方块中心。管壁测孔可根据现场情况选定。对于圆形风管可沿两条相互垂直的直径选点测量。测点选择参见表 19-1，测得各点的风速或动压后计算其平均风速或平均动压值。

平均风速及平均动压的计算方法有两种。各点的测定值相差不大时，其平均值可采用算术平均值计算，即：

$$V_{\text{平}} = (V_1 + V_2 + V_3 + \cdots\cdots + V_n)/n$$

$$P_{\text{a平}} = (P_1 + P_2 + P_3 + \cdots\cdots + P_n)/n$$

式中 $V_{\text{平}}$——平均风速（m/s）；

　　$P_{\text{a平}}$——平均动压（Pa）。

各点测定值相差转大时，其平均值均须按均方根法求得。即：

$$V = \{(\sqrt{V_1} + \sqrt{V_2} + \sqrt{V_3} + \cdots\cdots + \sqrt{V_n})/n\}n$$

$$P = \{(\sqrt{P_{\text{d1}}} + \sqrt{P_{\text{d2}}} + \cdots\cdots + \sqrt{P_{\text{dn}}})/n\}n$$

风口风量测定可用定点法或匀速移动法测出平均风速，计算出风量。匀速移动法不应少于 3 次，定点测量法的测点不应少于 5 个。

圆形风管测点至管壁距离　　　　　　　　　　　　表 19-1

管径（mm）	200 以下	200～400	400～700	700 以下
测点	K			
1	0.1	0.1	0.05	0.05
2	0.3	0.2	0.2	0.15
3	0.6	0.4	0.3	0.25
4	1.4	0.7	0.5	0.35
5	1.7	1.3	0.7	0.5
6	1.9	1.6	1.3	0.7
7	—	1.8	1.5	1.3
8	—	1.9	1.7	1.5
9	—	—	1.8	1.65
10	—	—	1.95	1.75
11	—	—	—	1.85
12	—	—	—	1.95

3　风量调整

1）系统风量平衡采用"流量等比分配法"或"基准风口法"从系统最不利环路的末端开始，逐步向风机调整。

2）流量等比分配法：按各风口设计风量的比例关系调整阀门开度比例，从而达到各风口所需风量。调整前应按管系绘制系统图并将各风口的设计风量标注在图上。调整时可用二套仪表同时测定两支管的风量，使两支管的实际风量比例等于设计风量的比例（风量不一定等于设计风量）。常用测量仪表有皮托管、微压计和热电式风速仪。

3）基准风口调整法：将某风口实测风量与设计风量度比值作为调整其他各风口风量的基础，对系统各风口进行调整。

4）调整前，应先将各风口的风量全部测出，然后计算各风口实测风量与设计风量的比值，选取比值最低（风量最小）的风口作为基准风口调整其他风口。调整时用两套仪表分别测量基准风口与调整风口，使两风口各自实测风量与设计风量的比值相等即：

$$\frac{L_{压实}}{L_{压设}} = \frac{L_{调实}}{L_{调设}}$$

5）系统分支较多时，可将各分支作为一个调整单元。每个分支选取最小风量的风口，作为基准风口进行分支内风量平衡。分支风量平衡后再行平衡分支之间的风量。分支之间风量平衡时，可随意在每个分支选取一个风口，然后用上法调整分支之间的风阀，使风口风量平衡。

6）风口风量平衡后，应再次调整系统总风量。调整幅度较小时，应调整总阀门或改变风管阻力来实现。调整幅度较大时，应调整风机转速，必要时更换风机。新风、一次回风，二次回风风量的测定调整，应在各自的管道上测定，无管道时可在进口或出口处测量。

4.4.2 水系统调试

1 系统充水。通过膨胀水箱补水管或定压膨胀罐补水泵向系统供水，直至充满系统。注意充水过程中开启设备进出口阀门、分集水器阀门、系统排气阀，系统满水时关闭排气阀，注意检查排气阀工作是否正常。

2 系统常温水循环。分别开启冷冻泵和冷却泵，开泵时注意在启泵前应关闭出口阀门和出口压力表进水阀，待泵启动后逐渐打进出水阀和压力表阀。使冷冻水、冷却水系统进行 24h 循环运行，观察水泵进出口压力表，无异常视为合格。

3 开机前清洗及再充水。循环结束后开启分集水器泄水阀排水，将系统排空后拆洗过滤器及清理冷却塔集水盘及出水口，完毕后再充水，过程同上。

4 开机试运行至少 8h。开机顺序为：冷却水泵→冷却塔→冷冻水泵→制冷机组，关机顺序为冷水机组→冷冻水泵→冷却水泵→冷却塔。制冷机组开机及负荷调节由厂商实施或现场指导进行。

5 先单台开机运行，观察各设备处压力表、温度计、运行电流读数是否符合设计要求和厂商要求，注意观察各台冷冻机、水泵、冷却塔水量是否接近一致，如偏差较大则进行分析处理，直至符合设计要求。

6 运行过程中，随时检查冷却塔的补水和漂水量是否平衡并及时补水。

4.4.3 系统调试过程中的设备参数测定

1 设备运行电流测定和三相平衡。

2　电控柜继电器保护整定。

3　风机性能的测定与调整。

4.4.4　系统调试注意事项

1　空调系统的风管上的风阀全部开启，启动风机使总风阀的开度保持在风机电机允许的运转电流范围内。

2　运转冷水系统和冷却水系统，待正常后将冷水机组投入运转。

3　空调系统的送风系统、冷冻水系统、冷却水系统及冷水机组等运转正常后，将冷水控制系统和空调控制系统投入，以确定各类调节阀动作的正确性。

4.5　系统联合调试

这里的系统联调指的是与 FAS、BAS 系统的联调。

4.5.1　防火阀单体联调

1　与 FAS 承包商配合，从就地模块箱向防火排烟阀发出指令，现场检查风阀是否正确动作。

2　风阀正确动作后，检查状态输出信号是否反馈回模块箱。

3　若不能正确动作和反馈，则需分析处理，详见附录 C 调试中常见问题分析及处理。

4.5.2　系统操作控制联调

1　根据 FAS、BAS 系统操作控制表，配合弱电系统对各区域各系统进行模拟控制试验。

2　根据前期 FAS 的信息反馈和设计联络后确定的控制要求，建立各系统操作控制点表。

3　配合联调时将不同工况下各设备和阀门的动作状态记入控制点表，与点表状态不符的与 FAS 共同分析处理。

4.6　调试报告和记录整编

通风空调工程经过系统试验调整后，应将各类调试资料进行整编，并提交报告和测定和调整后的原始记录作为交工验收的依据，应包括下列内容：

4.6.1　各系统单体设备调试报告。

4.6.2　通风空调各系统调试报告。

4.6.3　通风空调系统无生产负荷的联合试运转调试报告。

4.6.4　调试记录汇编。

以上调试资料经业主、监理单位审核后进入竣工验收程序。

5 质量标准

5.1 主控项目

5.1.1 设备单机试运转及调试

1 通风机、空调机组风机叶轮旋转方向正确、运转平稳无异常振动与声音，其电机运行功率值应符合设备技术文件的规定。在额定转速下连续运转 2h 后，滑动轴承最高温度不得超过 70℃；滚动轴承最高温度不得超过 80℃。

2 水泵叶轮旋转方向正确，无异常震动和声响，紧固连接部位无松动，其电机运行功率值应符合设备技术文件的规定。在设计负荷下连续运转 2h 后，滑动轴承最高温度不得超过 70℃；滚动轴承最高温度不得超过 75℃。

3 冷却塔本体应稳固、无异常振动，其噪声和漂水量应符合设备技术文件的规定。风扇试运转按本条文 1 款的规定。

4 制冷机组、单元式空调机组试运转应符合设备技术文件和《制冷设备、空气分离设备安装工程施工及验收规范》GB 50274—2010 有关规定，正常运转不应少于 8h。

5 电控防、排烟阀的手动、电动操作应灵敏、可靠信号输出正确。

5.1.2 系统无生产负荷联动试运转及调试

1 系统总风量实际测试结果与设计风量的偏差不应大于 10％。

2 空调冷冻水、冷却水总流量测试结果与设计流量的偏差不应大于 15％。

3 消防正压送风系统、机械排烟系统技术性能检测结果应符合消防设计要求。

4 恒温、恒湿房间室内空气温度、相对湿度波动范围应符合设计规定。

5.1.3 净化空调系统还应符合以下规定

1 室内空气洁净度等级必须符合设计或在商定验收状态下的等级要求；

2 洁净室的压差控制应符合下列要求：

3 相邻不同级别洁净室之间和洁净室与非洁净室之间静压差不小于 5Pa。

4 洁净室与室外静压差不小于 10Pa。

5 洁净度等级高于等于 5 级的单向流洁净室在门开启状态下，在出入口的室内侧 0.6m 处不应测出超过室内洁净度等级上限的浓度。

6 非单向流洁净室检测结果应符合以下规定：

1）系统的实测风量应大于或等于各自的设计风量，但不应超过 20％；

2）总实测新风量和设计新风量之偏差不应大于 10％。室内各风口的实测风量和设计风量之偏差均不应大于 15％。

7 单向流洁净室检测结果应符合下列规定：

1）实测室内截面平均风速应大于或等于设计风速，但不应超过 20％。

2）截面风速不均匀度不大于 0.25。

3）总实测新风量和设计新风量之偏差不应大于 10％。

5.2　一般项目

5.2.1　设备单机试运转及调试

1 水泵轴封填料的温升应正常，在无特殊要求的情况下，普通填料泄漏量不应大于 15～60mL/h，机械密封的不应大于 5mL/h。

2 风机、空调机组、风冷热泵等设备运行时，产生的噪声不宜超过产品性能说明书的规定值。

3 风机盘管机组有三速温控开关动作控制正确，一一对应。

5.2.2　系统无生产负荷联动试运转及调试

1 系统联动试运转中，设备及主要部件的联动必须符合设计要求，动作协调、正确，无异常现象。

2 风口风量测试结果与设计风量的偏差不应大于 15％。

3 空调水系统应冲洗干净、不含杂物，基本排清管道系统中的空气。

4 系统经过平衡调整，各空调机组的水流量基本符合设计的规定，误差不大于 20％；

5 空调水系统运行应连续平稳，水泵电机运行电流不应出现大幅波动；

6 自动计量元件的工作正常，能与 BA 系统正常反馈；

7 多台冷却塔并联运行时，各塔的进、出水量应达到均衡一致。

8 空调室内空气温度、相对湿度、噪声应符合设计规定要求。

9 各房间、厅堂的送、排风风量平衡，符合空调房间、非空调房间、有污染源房间梯度的正压保持关系。

10 对安装在有环境噪声要求场所的制冷、空调机组，应按《采暖通风与空气调节设备噪声声功率级的测定　工程法》GB/T 9068—1988 的规定进行噪声的测定。

5.2.3 净化空调系统还应符合下列规定：

1 洁净室内噪声的检测结果应符合设计或现行国家标准《洁净厂房设计规范》GB 50073—2013 的规定。

2 洁净室洁净度等级高于等于 5 级的应进行流线平行性的检测，在工作区内气流流向偏离规定方向的角度不大于 15°。

6 成品保护

6.0.1 系统调试结束应设专人值班，非工作人员严禁入内。

6.0.2 风机、空调设备的启停，应由电气专业操作人员配合进行。

6.0.3 洁净系统应采取封闭措施，以防高效、亚高效过滤器集尘。

6.0.4 空调系统全部调试完毕后，应及时办理交接手续。

7 应注意的质量与安全问题

7.1 应注意的质量问题

7.1.1 风管漏风量偏大，致使系统调试达不到预期效果。

7.1.2 新风系统未做认真调试，室内新风量不足，不能满足健康卫生要求。

7.2 应注意的安全问题

7.2.1 调试前必须进行方案审核，方案交底后方可进入调试工作。

7.2.2 加强协调，以免因误操作造成设备损坏或伤及人身安全。

7.2.3 每次设备试运行前必须按照设备操作规程检查设备、线路，一切正常后经调试负责人同意方可开始调试。

8 质量记录

8.1 质量检查记录

8.1.1 设备单机试运转记录。

8.1.2 系统风量测定与调整记录表。

8.1.3 空调系统试验调整报告。

8.1.4 系统联合试运转记录。

8.2　附录

调试基本信息收集表　　　　　　　　　　　　　　　　　　　　　　附录 A

序号	信息类型	信息来源	信息获取要求	信息处理要求
1	设计信息	设计图纸	设计对系统功能实现的要求，如室内温湿度、新风量标准、换气次数、噪声等列表	
			系统原理图，获取系统控制原理、总风量和负荷要求	与空调自控控制表对照，是否一致，如有则提出
			空调自控（BAS、FAS）控制表：系统操作控制表、系统控制量、显示量表、火灾工况联动控制表	
		设计联络会议	系统接口1：电控柜与自控系统的接口和控制要求	核查：有无接口；接口位置能否对接；接口协议是否一致
			系统接口2：电控柜之间的联络接口	核查环控柜与就地箱、环控柜与变频柜、就地箱与软启动柜之间的控制回路是否一致
			设备接口：阀门的控制接口，如电源电压类型	
2	自控信息	BAS、FAS承包商	对暖通空调自控表的反馈	如有不一致提交设计联络
3	厂商信息	设备技术文件	设备的各项技术参数	
			技术文件中对调试的要求	如有则列入调试方案
			对备品备件的说明	
		调试指导	获取书面的调试指导意见	
4	电气信息	电气专业	电控柜开关、继电器容量范围	核查设备与本级，及与上级开关的容量匹配
			设备接线方式/启动方式	
5	用户信息	业主	对舒适度的具体要求，如对不同功能区的温度、噪声要求等	
			对调试的进度要求	

调试前系统核查和确认表　　　　　　　　　　　　　　　　　　　　附录 B

序号	检查项目	检查内容	状态确认	检查附表	影响程度
1	系统设备、管线检查	系统设备和管线的安装是否按照设计规定完成，有无缺漏项		如有另附	
		风管漏光检测或漏风量检测结果符合规范的规定			

续表

序号	检查项目	检查内容	状态确认	检查附表	影响程度
1	系统设备、管线检查	各类阀门检查：安装位置正确，启闭灵活可靠，输出信号正确			
		设备及风管、水管内部清洁无杂物、污染物，外表面清洁情况			
		水系统管道试压冲洗是否完成			
		排水设施及补供水设施是否达到使用条件			
2	设备电控柜状态检查和确认	容量匹配检查：设备容量与设计容量、配电箱开关容量是否相匹配		如有另附	
		继电保护装置的整定是否正确		如有另附	
		电控柜内各线路接线是否正确			
		电控柜模拟动作试验和调整是否已完成			
3	调试能源检查	试运转及调试所需的外部水、电等能源能否及时、稳定地提供			
4	调试环境检查	涉及调试使用的房间土建及装修工程条件			
		场地环境是否清洁			
		设备机房门锁是否已安装			
		场所照明条件是否满足调试需要			

空调系统调试记录表（基础表） 附录 C

序号	项目名称	型号规格	设备编号	数量	参数/指标	安装部位	设计参数	选用参数	实测值/调试结果
1	K-1 系统								
1.1	设备								
	空调机组	BFP5I	XK-I-1		风量（m³/h）		1000	950	900
					风压（Pa）				
					功率（kW）				
					电流（A）				
	水泵	KQW 125/160-22/2			流量（L/s）		10	10	
					扬程（m）				
					电气开关容量（A）				
					继电器整定值				
1.2	阀门部件								

续表

序号	项目名称	型号规格	设备编号	数量	参数/指标	安装部位	设计参数	选用参数	实测值/调试结果
	FF1 风阀1	1000×500			启闭/连锁状态（可分工况）				
					手动、电动动作				
					信号输出状态				
	闸阀水阀1	DN100			启闭状态				
					手动、电动动作				
					信号输出状态				
1.3	风口		风口类型/编号						
	风口1	500×250			风速（m/s）				
					风量（m³/h）				
					调节阀开度				
					出风温度				
2	K-2 系统								
					以下同				

设备单机试运转及调试项目表　　　附录 D

序号	调试项目	序号	调试主控项目	调试操作方法	调试结果
1	通风机空调机组风机	1	叶轮旋转方向正确	通电试运转目测观察	
		2	运转平稳无异常振动和声响	通电试运转目测和耳听观察	
		3	电机运行功率符合设备技术文件规定	用钳形电流表分别测点电流和电压，计算功率	
		4	紧固连接部位无松动	目测观察	
		5	试运转 2h 后滚动轴承温度不超过 80℃	通电试运转及人工计时；用点温仪测量	
2	水泵	1	叶轮旋转方向正确	通电试运转目测观察	
		2	运转平稳无异常振动和声响	通电试运转目测和耳听观察	
		3	紧固连接部位无松动	目测观察	
		4	电机运行功率符合设备技术文件规定	用钳形电流表分别测点电流和电压，计算功率	
		5	试运转 2h 后滚动轴承温度不超过 75℃	通电试运转及人工计时；用点温仪测量	

续表

序号	调试项目	序号	调试主控项目	调试操作方法	调试结果
3	冷却塔	1	本体运转平稳无异常振动和声响	通电试运转目测和耳听观察	
		2	噪声符合设备技术文件规定	采用便携式声级计测量，测点应设在距设备 1.1m，环设备选取几点，以最大值为准	
		3	风机试运转同通风机要求		
4	电控风阀	1	手动、电动操作灵活、可靠、正确	手动操作，用便携式电源启闭阀门	
		2	信号输出正确	与 BAS、FAS 配合检测反馈信号	
		3	启闭连锁正确	与 BAS、FAS 配合检测反馈信号	
5	风机盘管	1	叶轮旋转方向正确	通电试运转目测观察	
		2	运转平稳无异常振动和声响	通电试运转目测和耳听观察	
		3	紧固连接部位无松动	目测观察	
6	通风机、空调机组风机	1	噪声符合设备技术文件规定	采用便携式声级计测量，测点应设在距设备 1.1m，距地 1.5m环设备选取几点，以最大值为准	
7	水泵	1	噪声符合设备技术文件规定	采用便携式声级计测量，测点应设在距设备 1.1m，距地 1.5m环设备选取几点，以最大值为准	
		2	密封部位渗漏量，在无特殊要求的情况下，普通填料 60mL/h，机械密封的不应大于5mL/h	目测观察	

系统调试项目表　　　　　　　　　　　　附录 E

序号	调试项目	调试主控项目	调试操作方法	调试结果
1	子分部系统调试	系统风量与设计风量的偏差不大于 10%	采用流量等比分配法调整	
		系统水流量与设计水流量的偏差不大于 10%	可采用便携式超声波流量计测定	
		防排烟系统的风量、风压符合设计和消防规定		
2	系统设备运行状态检查			
2.1	通风机、空调机组	风机启动、运行电流、三相平衡	用电流表、万用表测量，与电控柜仪表显示对照并记录	

续表

序号	调试项目	调试主控项目	调试操作方法	调试结果
2.2	水泵	风机启动、运行电流、三相平衡	用电流表、万用表测量，与电控柜仪表显示对照并记录	
2.3	电控柜	继电器保护整定	根据设备运行电流调整	
2.4	冷却塔	补水量和漂水量平衡	调节补水量	
2.5	风机盘管	温控开关操控正常，显示与机组状态一致	手动操作温控器开关、风速开关、温度设定键	
		电磁阀动作与温控开关协调一致	手动操作温控器开关	
3	无生产负荷联合试运转及调试	系统总风量与设计总风量的偏差不大于10%	调整风机性能参数的方法、改变系统阻力	
		舒适空调的温度、相对湿度符合设计规定	可用智能型环境测试仪测定	
		系统带冷源的联合试运转不少于8h		

序号	调试项目	调试一般项目	调试操作方法	调试结果
1	子分部系统调试	水系统充水、排水正常，系统排气正常	由膨胀水箱补水，检查排气和满水情况；泄水、拆洗再充水	
		水系统运行平稳，水泵压力和电流正常，无异常波动	观察压力表，测定水泵启动、运行电流	
		空调机组水流量符合设计要求，偏差小于20%	可采用便携式超声波流量计测定	
2	无生产负荷联合试运转及调试	设备与主要部件的联动动作符合设计规定，动作协调、正确，无异常现象	由 FAS、BAS 反馈	
		风口风量与设计风量的偏差不大于15%	流量等比分配法或基准风口法	
		各类自控传感器、执行器工作正常，符合 BAS、FAS 的检测和控制要求	由 FAS、BAS 反馈	
		室内噪声符合设计规定	采用声级计距地1.1m，测点位置按设计要求	
		有压差要求的房间，舒适性空调为0~25Pa	采用皮托管和微压计测量，超标通过改变送回风量调整	

调试中常见问题分析及处理表　　　　　　附录 F

序号	调试项目	可能出现的问题	原因分析	处理办法
1	系统风量测定与调整	实测风量偏大	系统阻力偏小	调节风机出口处及分支阀门开度
			风机参数大，转速偏高	调整风机皮带轮大小或调松
				更换风机电机
		实测风量偏小	系统漏风量大	检查系统漏风点并作密封处理
			系统阻力偏大	检查各阀门是否已开启；检查有无大阻力局部配件如有改进
			风机反转	电源换向
			风机参数小，转速偏低	调整风机皮带轮大小或调紧
				减小叶轮与机壳间隙
				更换风机电机
2	风口风量测定	风口风速偏大	支管风量偏大	调整支管调节阀开度，或封口加设调节阀
				改变风口颈部尺寸，如加插板
3	风机性能测定	风机振动大	转速过高	适当降低转速
			叶轮不平衡	拆下叶轮修整
			连接风管未接好	加固连接部位
			吸入、出风口关闭	开启
			轴承间隙过大	调整或更换轴承
			风机主轴变形	校直
			基础或支架强度不足	加固
			轴承或滚珠破裂	更换轴承或滚珠
		风机噪声偏大	由上述振动引起	采取上述减振措施
			出口处局部阻力过大	改进出口大阻力局部配件
		风机噪声偏大	风机内进入异物	清理
			叶轮与机壳碰撞	校正
		电机温升过高	缺相	检查重接
			电机绝缘性差，绕组受潮	烘干
		轴承温升过高	轴承润滑不良	加油或更换
			轴承间隙过小	调整或更换
			轴承损坏	调整或更换
4	水泵试运转	水泵不吸水、压力表指针剧烈跳动	补水不足	增加补水
			进水管内积气	排气
			止回阀未开启或开度不足	检查维修止回阀
			管路的排气阀或压力表漏气	更换
			吸入口阻力过大	

续表

序号	调试项目	可能出现的问题	原因分析	处理办法
4	水泵试运转	水泵出口有压力显示，异常偏高或偏低	出水管路堵塞	清理
			止回阀堵塞	清理
			电机反向	电源换向
			出口阻力过大	清理
			叶轮阻塞	清理
			水泵转速低	
		水泵有异常声响	吸水管内有空气	排气
			吸水高度过高	调整吸水管路或水泵位置
		水泵异常振动	水泵联轴节不同心	维修或更换
			减振器不合理	调整减振器
5	冷却塔试运行	集水盘内水位不断下降	补水不足	增加补水
			漂水量大	增加补水
			集水盘漏水	修理
		集水盘内水溢流	浮球调校水位高	调整浮球
6	风阀调试	执行机构不动作	风阀本体变形	拆下修整
			叶片变形	拆下修整
			阀门内积灰阻滞	吹灰
			连杆机构变形	拆下修整
			机构接线错误（特别是多机构）	重新接线
			执行机构损坏	更换执行机构
		信号输出不正确	机构接线错误（特别是多机构）	重新接线